もっともっと知りたいうさぎのきもち

うさ語レッスン帖

一級愛玩動物飼養管理士
中山ますみ・監修

はじめに

うさぎの気持ちを知るには何を見ればいい？

表情やしぐさ、行動でうさぎは「主張」している

うさぎには声帯がないため、犬や猫のように鳴くことがありません。また、口を開けたり、まばたきをする姿もなかなか見られないため、「無表情で何を考えているかわからない」と思われがち。ですが、きちんと観察すると、表情やしぐさ、行動などでさまざまな気持ちを表していることがわかります。本来うさぎは、とても感情表現が豊かな動物なのです。

1 表情に注目しよう

うさぎの表情を探るときは、目と耳、鼻の動きをチェック。基本的に、白目が見えるほど目をパッチリ開けているときは警戒心が高めで、細めているときはリラックスしています。長い耳は、興味をもっている方向を向くので、観察するとうさぎの関心がどこに向いているかわかります。鼻は、情報収集中に速く動き、ゆっくり動いているときほど落ちついています。

2 姿勢の変化を観察しよう

うさぎは鳴かない分、全身を使って感情を表現します。しっぽや姿勢の高さ、足の動きなどをよく観察してみましょう。なかでも、うさぎの「寝姿」は気持ちを知るバロメーター。うさぎは本来、目を開けたまま浅い眠りをくり返す動物。そのため、四肢を投げ出しておなかを見せるなど“すぐに動けない姿勢”をとっているときほど、リラックスしていることがわかるのです。

本書は、うさぎの表情やしぐさが表す気持ちを「うさ語」と呼び、その読み解き方を紹介しています。うさぎの気持ちを知り、愛情をもって接することで、もっと仲よくなれるでしょう！

3 しぐさから読みとろう

うさぎのしぐさは、じつにバリエーション豊かです。楽しいときに跳び回ったり、気に入らないときに地団太を踏んだりパンチしたり。まるで人間のようなしぐさを見せてくれることもあります。ただし、同じ「走り回る」でも、楽しくてはしゃいでいる場合と、恐怖でパニックになっている場合が。前後の状況から、飼い主さんがうさぎの本当の気持ちを判断することが大切です。

行動の意味を知ろう 4

ペットうさぎのルーツであるアナウサギの行動を知ることで、うさぎの気持ちが見えてきます。例えば、うさぎが頻繁に見せる「掘る」しぐさ。これは、アナウサギが地中に巣穴をつくり、その中で暮らしていた名残から。また、物をすぐに「かじる」のも、物をかじって情報を得るためです。このように、一見不思議に見える行動も、ひも解くと彼らなりの「理由」があるのです。

見た目と性格にギャップあり!? じつはとてもわがままです

うさぎのあらゆる要求は「性欲」と「食欲」によるもの

愛らしい外見とは裏腹に、わがままで自己主張が強いのが、うさぎという動物です。ぬいぐるみのようにおとなしいイメージで飼い始めると、ギャップにびっくりすることでしょう。

うさぎは、あらゆる要求を全身で表現してきます。それは「ケージから出して！」「おやつちょうだい！」などさまざま。そしてその要求は、ほとんどが「性欲」と「食

性

物や飼い主さんに対してカクカクと腰を振るのも、性欲からくる行動のひとつ。

子孫を残したい気持ちが強い

うさぎは「子どもを産む」ことを重要視する動物です。それは、フェロモンを察知する「鋤鼻器《じょびき》」を、犬や猫などは鼻腔内にもつのに対し、うさぎは鼻の表面に出ていること、繁殖期が一年中であることからもわかります。性欲からくる要求には、「ケージから出たい」「かまってほしい」「縄張りに入ってほしくない」などがあります。

欲」からくるものです。うさぎは「子孫を残す」という本能が極めて高い動物。そして、その目的のために、「満足できる量のごはんが食べたい」とつねに考えています。こういったうさぎの「欲求」を理解することで、彼らの本当の気持ちが見えてきます。

食

うさぎはとても食いしん坊。ねだられるままあげていると、肥満や栄養が偏る原因になるので注意！

グルメで、味へのこだわりも強い

生きるため、そして健康な子どもを産むためには、たくさん食べることが大切。「ペレットをもっと食べたい！」「この前食べた牧草のほうが好き！」など、うさぎは意外と食へのこだわりをもっています。また、嗜好性が高く、なかでも甘いものは大好き。りんごやバナナなどの果物やおやつをあたえ過ぎると、主食である牧草を食べなくなるので、ほどほどに。

Contents

はじめに……2

LESSON 1 表情を読みとろう

Q1 目をパッチリ開いているのはどんなとき？……14
Q2 白目をむいているのはどんなとき？……15
Q3 目を細めているのはどんなとき？……16
Q4 鼻がヒクヒクと速く動くのはどんなとき？……18
Q5 鼻がゆっくり動くのはどんなとき？……19
Q6 耳がピンと立っているのはどんなとき？……20
Q7 耳を伏せているのはどんなとき？……21
Q8 耳が別々の方向に向いているのはどんなとき？……22
Q9 歯ぎしりをしているのはどんなとき？……23
4コママンガ 表情編……24
診断 うちの子タイプ診断……26
COLUMN うさぎのスゴ〜い観察力……30

LESSON 2 ボディランゲージを読みとろう

Q10 しっぽを振るのはうれしいから？……32
Q11 しっぽを上げるのは何かの合図？……33
Q12 後ろ足で床をダンッ！怒っているの？……34
Q13 足を蹴り上げて走るのはどういう意味？……36
Q14 前足でパンチするのは、攻撃しているの？……37
Q15 足を体の下に入れて寝てるけど、寒いの？……38
Q16 足を投げ出しておなかを床にぺったり。バテてるの？……40
Q17 大きな口を開けてあくびするのは眠いとき？……41
Q18 頭を振るのは嫌がっているの？……42
Q19 前足をパタパタ振るのは何をしているの？……43
Q20 一生懸命体をなめるのはどうして？……44
Q21 2本足で立ち上がるのは遠くを見たいから？……46
Q22 体を低くしてジッとしてる。どうしたの？……47
Q23 あごをスリスリとこすりつけてる。かゆいの？……48
Q24 へっぴり腰になってる！腰が抜けちゃった？……49
Q25 「ブーッ！」って鳴くのはどんなとき？……50
4コママンガ ボディランゲージ編……52
診断 飼い主さんタイプ診断……54
COLUMN オスとメスの違い……58

LESSON 3 行動の意味を探ろう【観察編】

Q26 明け方になるとさわぎ出すのはどうして？……60
Q27 ケージの中でそわそわ。何か気になるの？……61
Q28 いつ見ても目を開けているけど、ちゃんと寝てるの？……62
Q29 壁をジッと見つめている…。な、何が見えるの？……64
Q30 いろいろな物をくわえて投げる。気に入らないの？……65
Q31 お気に入りの物をくわえて走る。何をしているの？……66
Q32 床をホリホリと掘る。何をしているの？……67
Q33 スイスイとアイロンがけのようなしぐさをするのはどうして？……68
Q34 物にじゃれる。遊んでいるのかな？……69
Q35 へやんぽ中、いろいろ物をかじる。困らせようとしてる!?……70
Q36 ケージをガジガジとかじる。どうして？……71
Q37 ぬいぐるみを抱えて腰をカクカク。何をしているの？……72
Q38 牧草をくわえてウロウロしている。どうしたの？……74
Q39 毛をむしったり、爪をかんだりする。ひとり遊びかな？……75
Q40 いきなり走り出した！何があったの？……76
Q41 食事のあと、痙攣のような動きをする。大丈夫？……78
Q42 落ちつかない様子で周囲をきょろきょろ見回すのはどうして？……79

Q43 急にコロンと転がった！体調が悪いの!? 80
Q44 足を耳の奥に突っ込んでいるけど、大丈夫？ 81
4コマ漫画 観察編 82
COLUMN うさぎの品種いろいろ 84

LESSON 4 行動の意味を探ろう【暮らし編】

Q45 いつものごはんを食べない。飽きちゃった？ 86
Q46 特定のフードしか食べないうちの子は、グルメ？ 87
Q47 フード皿を引っくり返す。ごはんが足りないの？ 88
Q48 牧草を散らかしてお行儀の悪い食べ方をするんだけど…。 89
Q49 水をあまり飲んでいないけど、大丈夫？ 90
Q50 トイレで寝ちゃうのはどうして？ 91
Q51 オシッコをまき散らすのは、嫌がらせ？ 92
Q52 いろいろなところにオシッコをするのはどうして？ 94
Q53 自分のウンチを食べているけど、汚くないの？ 96
Q54 お尻からくさいにおいが…。これっておなら？ 97
Q55 せまいところに入りたがるけど、苦しくないの？ 98

Q56 部屋の真ん中で寝ているけど、どうしたの？ …… 99
Q57 ケージに戻らない。何が不満なの？ …… 100
Q58 座ぶとんやふとんの上にのりたがるのはどうして？ …… 102
Q59 寒いのに窓際にいるけど、どうしたんだろう？ …… 103
Q60 いつも椅子の脚に寄りかかっているのは楽だから？ …… 104
Q61 毛がいっぱい抜けた！ストレス？ …… 105
Q62 爪を切ったら血が出た！痛くないの？ …… 106
Q63 毎日同じ生活でつまらなくないのかな？ …… 107
4コママンガ 暮らし編 …… 108
COLUMN うさぎにまつわる昔話・神話 …… 110

LESSON 5

行動の意味を探ろう［コミュニケーション編］

Q64 お尻のにおいを嗅ぐのはどういう意味？ …… 112
Q65 せまいところでくっつき合うのは仲よしだから？ …… 113
Q66 毛づくろいをしてあげるのは、面倒見がいいから？ …… 114
Q67 ほかの子のごはんを食べる。自分のが嫌なの？ …… 116
Q68 同居うさぎがいなくなり、元気がなくなった。悲しんでいるの？ …… 117
Q69 行動がシンクロするのは、仲がいい証拠？ …… 118
Q70 新しいうさぎと毎日けんかしています。仲よくなれない？ …… 119
Q71 ほかのうさぎを一方的に攻撃する。いじめっ子なの？ …… 120

Q72 仲がよかったのに、急に険悪になった。どうして？……121
Q73 こちらに向かって頭を下げる。おじぎしているの？……122
Q74 手の下に頭を入れてくるのはどういう意味？……123
Q75 なでるとなめてくるのは、お返しのつもり？……124
Q76 急にかみついてくる！敵だと思ってる？……126
Q77 寝転んでいると体の上にのってくる。どうしたの？……128
Q78 ひざに前足をかけてくるのは、何か訴えているの？……129
Q79 鼻でつついてくるのは、遊んでほしいから？……130
Q80 なでようとしたら手を鼻でどかされた。嫌がってるの？……131
Q81 外出して帰るとしつこくにおいを嗅いでくるのはなぜ？……132
Q82 あとを追ってくるのは、一緒にいたいから？……133
Q83 名前を呼んでも来ない。嫌われてるの？……134
Q84 なついていたのに急に攻撃された。嫌いになったの？……135
Q85 服をホリホリ、カジカジ。遊んでるの？……136
Q86 落ち込んでいると来てくれる。なぐさめてくれてるの？……137
Q87 こちらをジッと見つめてくるのは好きだから？……138
Q88 こちらに背中を向けているのはどういう意味？……139
Q89 こちらを見ながら足ダンするのは、怒ってるの？……140

Q90 抱っこしようとすると嫌がって暴れる。どうして？ …… 141
Q91 仰向けにするとおとなしくなるのはどうして？ …… 142
Q92 指のささくれや爪をかじる。おなかがすいてるの？ …… 143
Q93 髪の毛をなめたり、かじったり。遊んでるの？ …… 144
Q94 寝ていると隣で添い寝をするのはどうして？ …… 145
Q95 足の間を8の字にグルグル回るのは、何かのアピール？ …… 146
Q96 座っていると足の下をくぐりに来るのはどうして？ …… 147
Q97 お尻を触ると腰を上げる。何をしているの？ …… 148
Q98 特定の人にだけなつかないのはどうして？ …… 149
Q99 人が集まっているところに来るのは、寂しいの？ …… 150
Q100 一緒に散歩したいのに、全然動きません…。どうして？ …… 151
4コママンガ コミュニケーション編 …… 152
診断 うさぎとの関係性診断 …… 154
さくいん …… 158

表情を読みとろう

Q1 目をパッチリ開いているのはどんなとき？

うさゴコロ

気になる！

何か気になるものがあったり、危険を感じて警戒しているとき、目を見開いて様子を探ろうとします。目がパッチリしているのは元気がある証拠でもあり、楽しく遊んでいるときやおいしいものを食べているときは、興奮や喜びに目を輝かせます。

　ときには目をキラキラさせながら飼い主さんをジーッと見つめて、「かまって～！」とその目力で訴えることも。毎日よく観察していると、微妙な目つきの違いで気持ちが読みとれるようになりますよ。

うさの格言　うさぎの目は口ほどにものをいう

Q2 白目をむいているのはどんなとき?

うさゴコロ

びっくり!

何か大きな音がしたときなど、反射的に目が大きく見開かれ白目をむくことがあります。人間がびっくりすると、瞬間的に目を大きく開いてしまうのと同じです。うさぎは基本的に憶病な性格ですが、とくに経験が浅い子うさぎはちょっとしたことで反応して「うわっ! 何なに!?」と、白目をむいてしまうことが多いようです。

興奮しやすい性格の子は、遊んでいるときや、おやつをもらったときなどに白目をむくことも。「テンションMAX!!」のサインかもしれませんね。

うさの格言 ビビってアガって白目をむく

Q3 目を細めているのはどんなとき？

うさゴコロ

リラックス〜

警戒状態では目をしっかり開けて見ようとするので（Ｐ14参照）、目を細めるのはリラックスしている証拠です。なでられて気持ちいいときなどは、目を細めてうっとりします。基本的にうさぎは目を開けて寝ますが（Ｐ62参照）、くつろいでいるときにはうとうとしながら目を細め、やがて目を閉じて寝てしまうこともあります。

ただし、ジッとしていて食欲がない、さわられるのを嫌がるといった場合は、体調不良の可能性があります。動物病院で診てもらいましょう。

うさの格言　目の細さはくつろぎのバロメーター

COLUMN

うさぎの視界に死角なし!?

うさぎの目は顔の側面に飛び出すようについているため、左右それぞれの目が両側と背面までをカバーしていて、ほとんど死角がありません。その視界は、340°あるとも考えられています。そのため、どの方向から敵が近づいてきても気づくことができるのです。また、光を多くとり込むことができるので、薄暗い中でも活動することができます。ただし近眼で、立体的にものを見ることは苦手です。

こんなうさゴコロも

熟睡中…

うさぎは基本的に目を開けたまま眠りますが、深い眠りに入ると目を閉じることがあります。なかには目を閉じておなかを見せ、〝爆睡〟する子も！

具合が悪くて目を閉じている場合もあるので、食欲や声をかけたときの反応を見て判断しましょう。

Q4 鼻がヒクヒクと速く動くのはどんなとき？

うさぎは優れた嗅覚をもち、食べものや自分を狙う敵、発情中の異性のフェロモンなどを嗅ぎ分けます。鼻をヒクヒクと動かしてにおいを嗅ぐことで、情報収集をしているのです。

とくに速く鼻を動かすのは、においの分子をいち早く脳に伝えようとしているとき。例えば警戒しているときは、「早く危険を察知して逃げなくちゃ！」、おいしいもののにおいを嗅ぎとれば、「早く見つけて食べたい！」など。集中してにおいを嗅いでいるときは、邪魔しないようにしましょう。

うさゴコロ

急いで情報収集中！

うさの格言 においはうさぎのデータバンク

Q5 鼻がゆっくり動くのはどんなとき？

うさゴコロ

ゆっくり情報収集中～

鼻をゆっくり動かしているのは、「とくに今は急いで情報収集する必要はないよね」と、落ちついている状態です。緊張感はなく、リラックスしています。このとき、大きな音がしてびっくりすると、また鼻を速く動かし始めます。「わたしが近づいたら鼻の動きが速まったけど⁉」というあなたは、残念ながらまだうさぎに警戒されているのかもしれませんね。

ちなみに、熟睡すると鼻の動きは止まります。意識ある限り情報収集を休まないのがうさぎという動物なのです。

うさの格言 鼻の動きでリラックス度判定

Q6

耳がピンと立っているのはどんなとき？

うさぎの長い耳は、集音効果が高く、人間には聞こえない小さな音や、高周波の音も聞きとることができます。立ち耳うさぎはもちろん、垂れ耳うさぎでも、音を集中して聞こうとするときは、耳の根元を持ち上げて耳を立てようとします。

また、耳には体温調節の機能も備わっています。暑い日には耳を立て、皮膚の表面から熱を発散します。垂れ耳うさぎは蒸れて熱がこもりやすいので、ときどき耳を立てて空気に触れさせてあげるとよいでしょう。

うさゴコロ

音を聞くよ／体温調節中！

うさの格言 うさぎの耳はレーダー＆ラジエーター

耳

Q7

耳を伏せているのはどんなとき?

うさゴコロ

リラックス〜／怖いよ…

体を伸ばして耳も伏せているときは、リラックスしています。体の力が抜けてくると、耳も力が抜けて倒れてしまうのでしょう。片耳だけ伏せて片耳を立てているときは、リラックスしつつ周りの気になる音などを探っています。ただし、体が緊張して力が入った状態で耳を伏せていたら、警戒しています。体を小さくして自分を守ろうとする気持ちの表れです(P47参照)。

ちなみに、耳を伏せてかみついてくるのは憶病な子。強気で攻撃するときは耳を立てています。

うさの格言　耳も脱力、リラックス

Q8 耳が別々の方向に向いているのはどんなとき？

うさゴコロ

あっちもこっちも気になるぞ！

うさぎの耳は左右別々に動き、ほぼ全方向からの音を聞き分けます。いろいろな方向に耳を向けているときは、警戒して周囲の様子を探っています。

人間は気になる音をよく聞こうとすると、そちらの方向に顔を動かして耳を向けますが、うさぎはその必要がありません。背後から呼びかけたとき、お尻を向けたまま耳だけこちらに向けてくるのは「聞こえてますが、何か？」といったところ。体ごとこっちに向いてほしい！　というときは、さらにうさぎの興味を引く工夫が必要です。

うさの格言　動物界の聖徳太子とはわたしのこと

Q9 歯ぎしりをしているのはどんなとき？

うさゴコロ

気持ちいい♪／苦しい…

なでられているときなどにする、ショリショリ、ゴリゴリと歯を軽くすり合わせる歯ぎしりは、「気持ちいぃ～」という意味。猫がゴロゴロとのどを鳴らすようなイメージです。

一方、ケージの隅でうずくまって歯ぎしりをしている場合などは要注意。ギリギリ、カチカチとかみ合わせるような強い歯ぎしりは、ストレスを感じていたり、体に痛みがあるサインの可能性があります。グルーミング中などにするのは、「もう限界！」のサイン。すぐに解放してあげましょう。

うさの格言　うれしさは歯を鳴らして表現

うさの4コマ劇場 〈表情編〉

おねだりは お早めに

白目の 衝撃

どっちも うさぎ！

歯ぎしり ゴリゴリ

チャートでわかる！

うちの子タイプ診断

女王様のように気ままな子や臆病な子など、うさぎの個性はさまざま。客観的に見たうちの子のタイプを、チャートで診断してみましょう。

YES →
NO …>

START

フードの好き嫌いがわりとある

グルーミングのあと、怒って文句をいったり無視したりする

抱っこを嫌がらない、または好き

見知らぬものにすぐにあごをこすりつける

トイレは決まった場所できちんとする

目を開けたまま寝ていることが多い

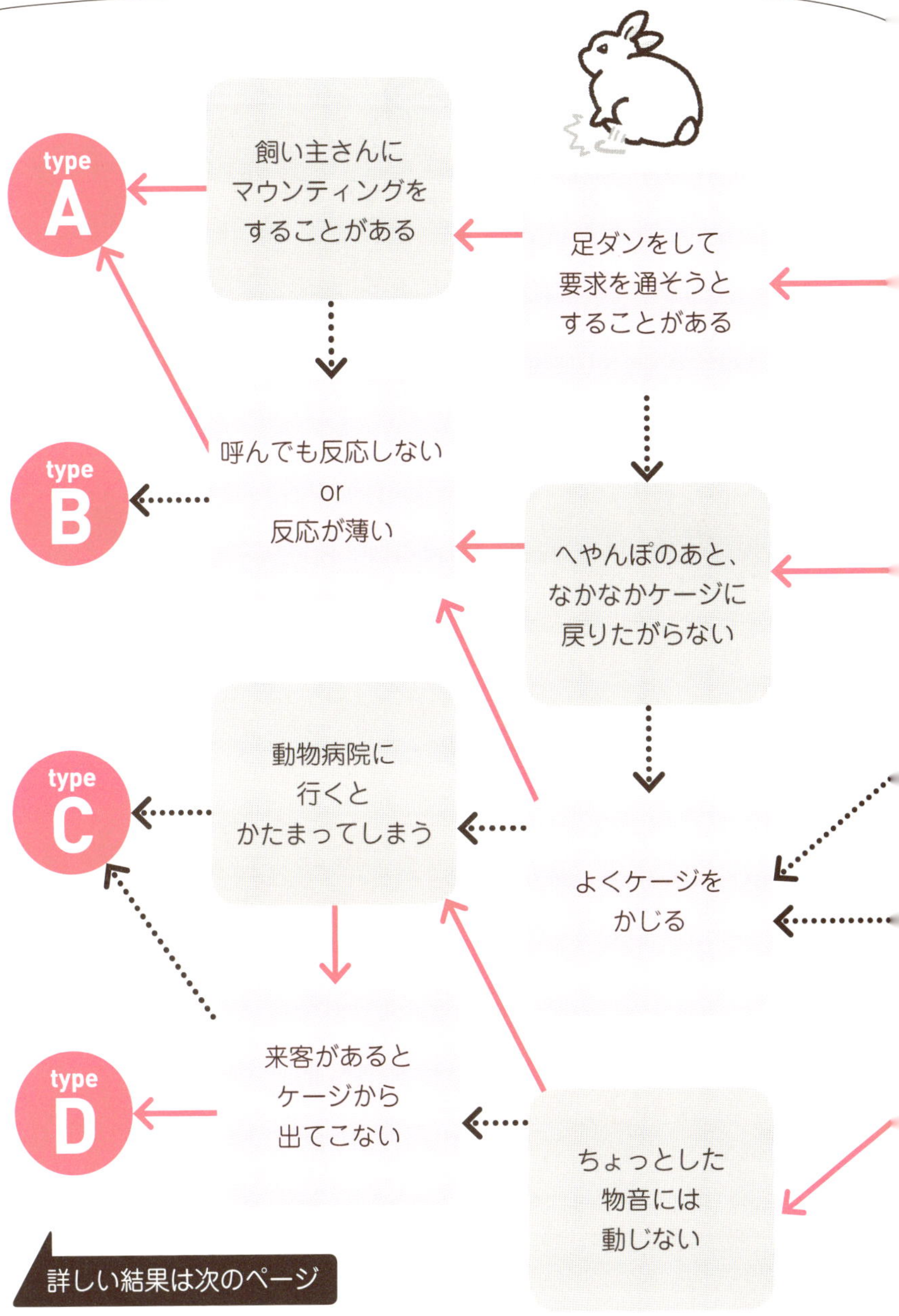
足ダンをして
要求を通そうと
することがある
飼い主さんに
マウンティングを
することがある
type A
呼んでも反応しない
or
反応が薄い
type B
へやんぽのあと、
なかなかケージに
戻りたがらない
動物病院に
行くと
かたまってしまう
type C
よくケージを
かじる
来客があると
ケージから
出てこない
type D
ちょっとした
物音には
動じない

詳しい結果は次のページ

診断結果をチェック！
うちの子はどんなタイプ？

自分がいちばん！

type A 女王様タイプ

ズバリ、こんな性格！

自由奔放でちょっぴりわがまま、まさに“女王様”のようなタイプ。気に入らないことは、足ダンやカジカジで思いっきり抵抗！　「家族の中でわたしがいちばんえらいのよ！」と思っているふしがあるので、甘やかし過ぎはほどほどに……。元気いっぱいで人見知りをせず、外出先でも落ちついて過ごせるため、ストレスを感じにくい性格です。

寂しいと死んじゃう!?

type B かまってちゃんタイプ

ズバリ、こんな性格！

飼い主さんが大好きな甘えんぼさん。つねに一緒にいたいため、へやんぽに出しても飼い主さんにべったり♡　ペットうさぎの資質はばつぐんで、あまりのかわいさにメロメロになってしまうはず。ただし、度が過ぎるとほかのうさぎや人にヤキモチをやいたり、気を引きたいあまり困った行動を起こすことが。かまい過ぎには注意が必要です。

＼オホホホ♥／
＼スキスキ♥／
＼まった〜り／
＼びくびく／

ひとりでも生きていけるつもり

type C 一匹狼タイプ

ズバリ、こんな性格！

自立心があり、孤独を愛するロンリーうさぎさん。気の向くまま、マイペースに日々を過ごしています。あまり主張をせず、ベタベタしてくることも少ないため、飼い主さんとしては寂しさを感じるかも……。うさぎのペースに合わせて放っておくと、まるで“同居人”のような関係になってしまいます。おやつを手からあげるなど、少しずつ距離を縮めて。

いつもびくびく

type D 小心者タイプ

ズバリ、こんな性格！

ひと一倍警戒心が強く、いつもびくびくしている小心者さん。ちょっとした物音に驚くなど、環境の変化に弱いところがあり、飼い主さんに心を開いてくれるまで少し時間がかかるかもしれません。ですが、穏やかでやさしい性格なので、信頼関係を築けばとてもよいパートナーになるでしょう。おでかけが負担になる子が多いので、無理なうさんぽは NG。

COLUMN 1

“フリ” は通用しない!?

うさぎのスゴ～い観察力

うさぎはとても観察力が鋭い動物です。理由として、①野生では四六時中敵である肉食動物に狙われており、つねに周囲を警戒する必要があるから、②繁殖のために異性のうさぎの様子を見ているから、③群れで暮らし、仲間とやりとりをしているから、などが挙げられます。それは、ペットとして人間と暮らすようになった今も同じ。食事の準備をしているとき、掃除をしているとき、くつろいでいるときなど、飼い主さんの動きを観察しながら生活しています。

そのため、うさぎに“ウソ”は通用しません。口先だけで怒っているフリ、ほめているフリをしても、すぐに見破られてしまいます。うさぎに何か伝えたいときは、意識をもって声を出すことが大切。声は高めか低めか、話すスピードはゆっくりなのか早口なのか、声音は優しいのか厳しいのか……etc.　普段何気なく出している言葉を意識してみましょう。してほしいこと、やめてほしいことなど、本気で伝えようとすれば、うさぎも理解してくれるはずです！

LESSON 2

ボディランゲージを読みとろう

しっぽ

Q10 しっぽを振るのはうれしいから？

うさゴコロ

集中してます！

うさぎは犬のようにしっぽで感情を表現することはありません。しっぽを振るのは、集中してにおいを嗅いでいるときが多いようです。多頭飼いの場合、共通の遊び場に出したときなど、「ほかのうさぎのにおいがするぞ！」と、集中してにおいの分析をしているときによく見られます。そんなときにふいに触ると、びっくりしてオシッコを飛ばされることもあります。邪魔はしないでおきましょう。

おやつを食べているときなど、興奮からしっぽを振る子もいます。

うさの格言　しっぽをフリフリにおいのチェック

Q11 しっぽを上げるのは何かの合図？

警戒や緊張しているとき、しっぽが上がります。しっぽを上げると裏側の白い部分が見えて目立つので、野生では敵から逃げる際、しっぽを上げて仲間に危険を知らせます。

またしっぽを上げると、生殖器と肛門の間にある鼠径腺《そけいせん》という臭腺が開くため、発情中には、しっぽを上げてにおいとともにフェロモンを振りまきアピールすることも。

リラックスして脱力しているときや、何かに驚いてビクッとしたときなどは、しっぽが下がります。

うさゴコロ

警戒中！

うさの格言 うさぎの白旗は警戒信号

Q12

後ろ足で床をダンッ！怒っているの？

うさゴコロ

気に入らん

足ダン（スタンピング）は本来、「敵が来た」「聞きなれない音、においがする」といったときの、警戒を表すボディランゲージです。地面を叩くことで、地中の巣穴にいる仲間に危険を知らせる意味があります。

しかしペットうさぎの場合、自分の思い通りにならないとき、不満の表現としてすることが多いようです。「ケージから出して！」「こっち来て！」「うるさいよ！」など。人間の注意を引こうとして足ダンする場合は、反応しなければやらなくなります。

うさの格言 大きな音で自己主張

こんなうさゴコロも

その音ナニ!?

人間がくしゃみをしたときに足ダンするのは、急に大きな音がしたことに驚いて、不快感を表しています。うさぎは、いきなり出る音が大嫌い。玄関チャイムや工事のドリル音などにも反応します。

こんなうさゴコロも

早く早く！

ごはんの用意をしていると「早く早く！　遅いよ！」と、足ダンで催促してくる子も。根負けして急いであげると、しつこくくり返すようになってしまうので、静まるまで待ってからあげるようにして。

こんなうさゴコロも

ムカ〜ッ！

爪切りなど嫌なことをされたときや、嫌いなうさぎが近づいたときなどに、「あームカつく！」と、怒りやいらだちを足ダンで表すことも。収まるまでそっとしておきましょう。

Q13 足を蹴り上げて走るのはどういう意味?

うさゴコロ

んもうっ!

抱っこや爪切り、ブラッシング、強制給餌など、うさぎにとって嫌なことをされて、そこから解放された直後によく見られます。「あーもう! ほんと嫌だった!」「ずっと我慢してたんだから!」という不満やうっぷんを、後ろ足をちょっと大げさに蹴り上げることで表現しているのです。

大体そのあとは飼い主さんから離れて部屋の隅のほうに行き、毛づくろいをして自分を落ちつかせようとします(P44参照)。うさぎが落ちつくまでそっとしておいてあげましょう。

うさの格言 足蹴りでうっぷん晴らし!

Q14 前足でパンチするのは、攻撃しているの？

ケージに入れた手や物に対してのパンチは、「縄張りに入ってきた侵入者め、出ていけ！」という怒りの攻撃。同時に鼻を「ブーッ！」と鳴らしながら（P50参照）威嚇《いかく》します。また、体ごと大きく前に出て、両前足を「バンッ！」と床に叩きつけることも。

さらに、気の強い子は進行方向にいる飼い主さんを「邪魔！」とひっかいたり、「おやつを早くよこせ！」とパンチしてくることもあります。うさぎの言いなりになると、下に見られてしまうかも。たまには我慢をさせましょう。

うさゴコロ

怒ったぞ！

うさの格言 怒りのパンチで侵入者を撃退！

Q15 足を体の下に入れて寝てるけど、寒いの？

うさゴコロ

基本の寝姿だよ

うさぎの寝姿はリラックス度や室温で変化します。警戒状態のときはすぐに動き出せるよう足を地面につけ、リラックスしているときは足を投げ出して寝ます。また、寒いときは体温を逃がさないよう体を丸め、暑いときは体を伸ばして寝ようとします。

足を体の下にしまい込むように座る「箱座り」は、うさぎが寝るときの基本姿勢。前足はたたみつつ、頭は高い位置にあるので、警戒半分、リラックス半分……といったところでしょうか。寒いときにもこのポーズで寝ます。

うさの格言 安心感は寝姿に出る

こんなうさゴコロも

警戒中！

すべての足の裏を地面につけ、座って寝ているのは警戒中。目を開け耳も立て、危険を察知したらすぐ動き出せるようにしています。家に迎えて間もない子なら、まだ慣れなくて緊張しているのかも。

こんなうさゴコロも

のんびり〜

箱座りを少し崩して後ろ足を横に出していたり、上半身を下げて頭を床につけて寝ているのは、リラックスモードのとき。耳を伏せ、目も細めてウトウトしているなら、かなりくつろいでいます。

こんなうさゴコロも

ほげ〜

おなかを見せて横向きにゴロンと寝転がっていたら、完全なリラックス状態。警戒心を忘れて安心しきっています。なかにはおなかを上にして仰向けで寝てしまう子も！ペットならではの寝姿ですね。

Q16 足を投げ出して おなかを床にぺったり。バテてるの？

うさゴコロ

のんびり～／暑い！

警戒中のうさぎは、座って寝ます（P39参照）。足を投げ出していたら、すぐに動き出すことはできませんよね。「ここには危険なことはないんだ」と安心しているのでしょう。

「暑いからおなかを床につけて冷やそう」と、フローリングなどでぺったりと寝そべっていることもあります。おなか付近や体全体が小刻みに動いていたり、耳が熱くなっていたりしたら暑がっています。エアコンなどで室温を下げて。激しく遊んだあとなども体温が上がるので注意してください。

うさの格言 “うさぎの開き”は夏の名物

表情
ボディ
行動
暮らし
仲よし

Q17 大きな口を開けてあくびするのは眠いとき？

うさゴコロ

よーし、動くぞ！

普段は閉じているうさぎの口の中を見られるのは、あくびのときくらい。思わず目が釘づけになってしまいますね。

うさぎがあくびをするのは、何か行動を起こす前。脳に酸素をとり込み、体に「動くぞ〜」と合図を送るのです。たいてい伸びもセットになっています。前足を伸ばしたり、お尻を下げて後ろ足も伸ばしたり。体のストレッチをして、動き出す準備をします。

ちなみにあくびを何回もくり返すのは、体調不良のサインです。頻繁にあくびをしていたら動物病院へ。

うさの格言 大あくびしてよーい、スタート！

しぐさ

Q18 頭を振るのは嫌がっているの？

うさゴコロ

ごきげんだよ♪

頭を2〜3回軽く振るのは、「ルンルン♪　ちょっと楽しい気分」。そんなとき「楽しいね〜」と声をかけると、うさぎのテンションもアップします。そして楽しい気持ちが最高潮になると、頭を振りながら垂直ジャンプ！空中で体をひねる合わせ技をくり出すことも。「すごいね！」とほめてあげて、一緒に盛り上がりましょう。

ただし静止したまま頻繁に頭を振り、耳をかゆがるようなしぐさが見られたら、中耳炎や耳ダニなど病気の可能性も。動物病院で診てもらいましょう。

うさの格言　頭ブルッ！　はごきげんサイン

しぐさ

Q19 前足をパタパタ振るのは何をしているの？

うさゴコロ

きれいにしなきゃね

土に巣穴を掘って生活していたころの名残りで、前足についた土を払い落とそうとするしぐさ。顔洗い前の大事な準備です。家の中で暮らすうさぎの場合は土がつくことはありませんが、牧草クズやほこりなどを払い落としているのでしょう。

そのあとはペロペロとなめて前足に唾液をつけ、顔をこすります。唾液には抗菌・消毒効果があり、毛並みを清潔に保つことができるのです。なめて雑菌を口に入れることで、体内に抗体をつくる意味もあります。

うさの格言　顔を洗う前にまず手洗い！

しぐさ

Q20 一生懸命体をなめるのはどうして？

うさゴコロ

においをとらなきゃ！

うさぎの体は基本的ににおいません。健康で、衛生的な環境で飼われていれば、背中に鼻をつけてみても無臭です。それもそのはず、うさぎはしょっちゅう全身をなめて毛づくろいをし、においをとっているからです。

自然界では、においが風にのって運ばれ、敵を呼び寄せる危険があるため、体についたにおいはすぐにとり除くのがうさぎの本能。なでられた直後に毛づくろいを始めるのは、人間の手の脂のにおいなどが気になるのでしょう。悪気はないので怒らないでくださいね。

うさの格言　うさぎの体臭は無臭が理想

こんなうさゴコロも

緊張する！

何かのにおいを真剣に嗅いだあとや、野菜などを食べて口元が汚れたとき、顔をゴシゴシとこすりきれいにします。

また爪切りのあとなど、緊張したときにすることも。これは人間が緊張したとき髪を触ったりするのと一緒で、自分を落ちつかせようとして行う「転位行動」の一種です。

こんなうさゴコロも

お手入れしなきゃ

うさぎのかわいいしぐさとして人気の高い〝耳洗い〟。顔の毛づくろいをするとき、一緒にすることが多いようです。うさぎの耳はさまざまな音を聞きとり、体温調節にも使われる大切な器官（P20参照）なので、念入りにお手入れをします。前足で耳を挟むので、マッサージ効果もあって気持ちいいのかもしれませんね。

しぐさ

Q21 2本足で立ち上がるのは遠くを見たいから？

うさゴコロ

気になる〜！

警戒しているときや、興味をもって何かを見ようとするとき、うさぎは2本足で立ち上がります。姿勢を高くして、遠くまで見渡し、音を広く拾うためです。さらに鼻をヒクヒクさせてにおいを嗅ぎ、情報収集をします。立ち耳うさぎなら、耳を気になる方向に向けているはずです。

よく立ち上がる子は、好奇心が旺盛で、いろいろと気になるタイプなのかも。「かまって！」「おやつちょうだい」など、飼い主さんへのアピールで〝うたっち〟する子もいます。

うさの格言 背伸びをすれば遠くも見える

しぐさ

Q22 体を低くしてジッとしてる。どうしたの？

うさゴコロ

怖い！隠れよう…

野生では敵の接近に気づいたとき、相手に気づかれないよう、体を低くして茂みなどに身を潜めます。すぐに逃げ出して姿をさらすと、目立って捕まるリスクがあるからです。

そのため、危険を感じて「怖い！どうしよう？」と焦ったうさぎは、「とりあえず隠れなきゃ！」と、反射的に身をかがめて自己防衛の姿勢をとり、気配を消すように固まります。手を出すとびっくりしてしまうので、そっと見守って。しばらくして危険がないことがわかれば元に戻ります。

うさの格言 小さくなって身を守れ！

Q23

あごをスリスリとこすりつけてる。かゆいの？

うさゴコロ

ボクのもの！

うさぎが〝あごすり〟をするのは、あごの下にある臭腺から出るにおいをつけて、それが自分のものだということを示すため。いわば自分の持ち物に名前を書くようなものです。

人間には見えませんが、「ここからここまではオレの縄張りだぞ！」と、においで境界線を引いたりもしています。毎日同じところにあごすりをするのは、においが薄れないようにするため。また、「あなたはわたしのもの」という意味で、飼い主さんの指やひざ、うさぎ同士で相手の頭にすることも。

うさの格言 あごをすりつけ自己主張

Q24 へっぴり腰になってる！ 腰が抜けちゃった？

うさゴコロ

ちょっと怖い…

新しいオモチャなど、はじめて見るものに対して「ちょっと怖いけど、気になる！」とにおいを嗅ぎに行くとき、腰を落としてへっぴり腰で近づきます。においを確認して、安心すれば通常の姿勢に戻るはず。

ずっとへっぴり腰になっている場合、脱臼などケガの可能性があります。足を引きずったりしていたらすぐ病院へ。

フローリングの上を歩くときにへっぴり腰になるのは、すべって歩きにくいからです。足腰に負担をかけるので、マットなどを敷きましょう。

うさの格言 抜き足差し足へっぴり腰

Q25 「ブーッ！」って鳴くのはどんなとき？

うさゴコロ

怒ったぞ！

うさぎには声帯がないので、鳴くことはありません。鳴き声のように聞こえるのは、鼻から出る音です。意識して出すものではなく、感情によって自然に出てしまうようです。

「ブッ！」や「ブーッ！」という強い音は、怒りの感情から出てくる音。威嚇《いかく》の意味も含んでいます。例えば縄張り意識の強い子なら、ケージに手を入れると「ブーッ！」といいながらうさパンチをお見舞いしてきたりします（P37参照）。さらにかみついてくることもあるので要注意です。

うさの格言 感情の高まりで鼻が鳴る

こんなうさゴコロも

発情中

オスがメスに求愛するとき、「ブッブッ」と低い音で鼻を鳴らしながらまとわりつきます。飼い主さん相手にも、同じような行動をします。あまり興奮し過ぎるようなら、いったんケージに入れましょう。

こんなうさゴコロも

かまって～

「プウプウ」とかすかなやわらかい音を出すときは、甘えています。「プスプス」「ピスピス」と聞こえることも。「好き好き～」「もっとなでてほしいよ」など、高まった感情が表れています。

こんなうさゴコロも

怖い！

「キーッ！」と鋭い音を出すのは、強い恐怖や痛みなどを感じたとき。うさぎの悲鳴です。極限の恐怖を感じてパニック状態になると、「キーキー！」といいながら走り回ることもあります。

うさの4コマ劇場 ボディランゲージ編

おうちゃくうさぎ
チョイ
チョイ
毛づくろいそれだけ？
おしまい
なでて
スッ…
お手入れ人まかせ？
もー♡
もふもふ

ナゾの足ダン
ダン
ダンッ
!?
タッ
タッ
ガサガサ
ひぇ～
ホリホリ
ドヤァ～
イタズラ予告～!?
?
?
?

チャートでわかる！

飼い主さんタイプ診断

うさぎにとって、あなたはどんな愛情のそそぎ方をする飼い主さん？普段のうさぎとの接し方をふり返って、客観的なタイプを診断しましょう！

YES →
NO ⋯→

START

ケージの掃除は毎日同じ時間にきっちり行っている

うさぎにまつわる飼育書などの本を３冊以上持っている

うさぎに見とれていつの間にか時間が過ぎてしまうことがある

飼育書よりも今までの経験をもとにお世話をするほう

うさぎが好きな牧草やおやつは把握している

うさぎと話すとき、ついつい赤ちゃん言葉になる

うさぎのちょっぴりわがままな一面をかわいいと思う

type A

うさぎの体重や
体調を観察して
記録している

気になることは
すぐに調べたり
専門家に聞く

type B

うさぎが困っている
姿を見ると
ちょっぴり
キュンとする

新しいおやつや
グッズを
すぐに買ってしまう

type C

足ダンを見ると
「あらあら」と
微笑ましい
気持ちになる

type D

うさぎの写真が
携帯電話や
デジカメに
たくさん入っている

type E

うさぎを迎えた日、
誕生日は
忘れない

詳しい結果は次のページ

診断結果をチェック！
あなたはどんな飼い主さん？

type A
勉強熱心なエリート飼い主
完璧主義タイプ

ズバリ、こんな性格！

うさぎにまつわる情報や知識をとことん調べ上げ、しっかりお世話したいと考えるあなた。食事や掃除の時間もきっちり決め、体調管理も万全のエリート飼い主さんです。ただし、完璧を求めるあまり、うさぎへのしつけが厳しくならないように注意。ときには柔軟に接することも心がけて。

type B
ラブラブでいた～いっ♪
うさぎは恋人♡タイプ

ズバリ、こんな性格！

うさぎへの気持ちは「Like」より「Love」。「ずっと一緒にいたい！」と考えるあなた。普段からよく観察しているので、ちょっとした異変にもすぐに気づけます。ただし、あまりにかまい過ぎて、うさぎを振り回しているかも。ときには１匹で過ごす時間もつくってあげて。

キビキビ

ラブラブ♥

おねだり
ＯＫ！

立派に
おなり

つかず
はなれず…

type C うさぎ様のいいなり!? 甘やかしおばあちゃんタイプ

ズバリ、こんな性格！

うさぎをつい甘やかし過ぎたり、ちょっとしたことを過剰に心配したりしてしまうあなた。おねだりに弱く、求められるまま与えがちなので、うさぎにとっては幸せな環境でしょう。ただし、要求に応えてばかりいると、エスカレートしてわがままになってしまうので、ほどほどに。

type D わが子は立派に育てます 世話焼きお母さんタイプ

ズバリ、こんな性格！

うさぎのことをわが子のように思い、大切に育てているあなた。ときに厳しさを見せながら、バランスよくうさぎと接しています。ベタベタしないので、うさぎも居心地よく過ごせているでしょう。ただし、自分の経験を重要視して、飼育書や専門家には頼らない一面もあるので、自己判断のし過ぎは注意が必要です。

type E 人もうさぎも独立してなんぼ フリーな同居人タイプ

ズバリ、こんな性格！

うさぎに多くを求めず、元気でいてくれるだけでいい、と考えているあなた。必要なお世話はしながらも、しつけをしたり、うさぎと遊んだりすることは少ないかも。もちろん自分の時間も大切ですが、飼い始めたからにはうさぎと少しでも向き合う時間を積極的につくって、もっと仲よくなりたいですね。

COLUMN 2

性格にも“差”あり!?
オスとメスの違い

生まれたばかりのころはあまり差がありませんが、生後4～5か月ほど経って思春期を迎えると、オスとメスにはさまざまな違いが出てきます。

一般的にオスは、甘えん坊で人なつっこく、フレンドリーな子が多いといわれています。野生のアナウサギの場合、オスは性成熟を迎えると巣穴を追い出され、兄弟と共に新しいコミュニティをつくらなければなりません。しかしペットうさぎの場合、いつまでも飼い主さんが一緒。子うさぎ気分が抜けず、甘えるのでしょう。また、縄張り意識が強く、自分の場所を主張するためにオシッコを飛ばしたり、ケージから出たがったりする一面もあります。

メスは、自立心があってちょっぴりクールな子が多く、飼い主さんとは適度な距離感をもちたがる傾向にあります。それは、メスの場合いずれ子どもを守る立場になるからでしょう。オスがケージから出たがるのとは対照的に、自分の巣穴を守ろうとする気持ちが強いようです。

もちろん個体差があり、飼い主さんにべったりと甘えてくるメスもいれば、縄張り意識が低いオスもいます。

LESSON 3

行動の意味を探ろう

[観察編]

Q26 明け方になるとさわぎ出すのはどうして？

うさゴコロ

血がさわぐぜ！

うさぎは、夕方から明け方にかけて主に活動をする「薄明薄暮性《はくめいはくぼせい》」の動物です。なかでも明け方は、天敵であるキツネやヘビ、猛禽類《もうきんるい》など、昼・夜行性の肉食動物が寝ているため、周囲を警戒する必要性が低め。おまけに、朝日を浴びた草はみずみずしくておいしい！　うさぎがもっともテンション高く過ごせる時間なのです。

それは、ペットうさぎも同じ。何か不満があるというわけではなく、「ひゃっほ〜いっ！」と、抑えきれないテンションを解放しているのです。

うさの格言　野生の血はワイルドに表現

謎のしぐさ

Q27 ケージの中でそわそわ。何か気になるの？

うさゴコロ

落ちつかないなぁ…

食器やトイレを動かしたり、木箱やステップを上り下りしているなら、ケージ内のレイアウトが気に食わないのかも。ケージはうさぎの「城」。うさぎが落ちついて過ごせるようなレイアウトにしてあげましょう。

ケージの外を見てそわそわしているときは、「外に出たい！」「遊びたい！」と思っています。そのうちケージをかじり始める（Ｐ71参照）こともあります。要求に応えてあげられないときは、ケージを布で覆うなどして落ちつかせましょう。

うさの格言　そわそわで要求をアピール

Q28

いつ見ても目を開けているけど、ちゃんと寝てるの？

うさゴコロ

これが普通なのだ

うさぎは、敵に襲われたときすぐに動けるように目を開けたまま眠ります。目を開けていても、ボーッとしていたら寝ている可能性大。飼い主さんとしては、「熟睡できていない？」「うちが落ちつかない？」と心配になるかもしれませんが、気にしなくても大丈夫。うさぎは本来、浅い睡眠をくり返しながら休む動物なのです。

警戒心の度合いには個体差があり、お迎えから数年間目を開けて眠る子もいれば、数日で目を閉じて横になって眠るつわものもいます。

うさの格言　開眼睡眠が正常です

こんな
うさゴコロ
も

気持ちいい～

コクリ、コクリと頭を揺らしながら、目をとろんとさせているうさぎ。人間が舟をこぐのと同じように、9割方眠りながら、うとうとしているのでしょう。

のんびりまどろむのは、うさぎにとっても人にとっても至福の時間。やさしくなでながら、「気持ちいいね～」と声をかけてあげましょう。

こんな
うさゴコロ
も

鼻づまりかも？

睡眠中に聞こえるプウプウという音は、うさぎのいびき。うさぎには声帯がないため、音は鼻から出ています（P50参照）。箱座りなど、気道が狭くなる姿勢で寝ているのかも。

頻繁にいびきをかく場合、目頭の深部にある鼻涙管《びるいかん》が詰まっている、先天的に細いなどの可能性があるので、こまめに観察を。

Q29

壁をジッと見つめている…。な、何が見えるの？

うさゴコロ

音が聞こえる！

うさぎが、壁などをジーッと見つめている姿を見ると、「まさか幽霊？」と不安な気持ちになりますね。

これは、人間には聞こえない、何かの音を聞いているのだと考えられています。うさぎの聴力は、人間の数倍。隣の部屋で携帯電話が鳴った、室外機がついた、というような細かい音に気づき、耳をそばだてているのでしょう。そのまま足ダン（Ｐ34参照）を始める子もいます。

単にボーッとしていたり、目を開けたまま眠っていたりする可能性も！

うさの格言　壁に（長〜い）耳あり

表情
ボディ
行動
暮らし
仲よし

Q30

いろいろな物をくわえて投げる。気に入らないの？

うさゴコロ

楽しいな～♪

物をくわえて投げるのは、うさぎの遊び。野生では、草をくわえて引っぱり、かみちぎって食べていたので、自らの口でくわえたものが変化する状況に楽しさや達成感を覚えるのです。また進行方向にある物を「これ邪魔！」と投げてどかすこともあります。

ケージの中で食器を投げるのは、「ごはん食べたい！」という要求です（P88参照）。ケージレイアウトに不満があったり、かまってほしいときに気を引くためにすることも。トイレの網をくわえて投げることもあります。

うさの格言 投げて変わってハッピー

Q31 お気に入りの物をくわえて走る。何をしているの？

うさゴコロ

見てみて〜♪

お気に入りの物をくわえて走り回ったり、飼い主さんのところへ持ってきたり。この行動は、遊びの一種と考えられます。飼い主さんの反応がいいため、「かまってもらえる！」という気持ちから行っているのかもしれません。もともと、うさぎには食べものなどを巣穴に運ぶ習性があるので、そこからきた行動とも考えられます。

飼い主さんの反応を見て、高度な遊びをするうさぎはまだまだ少数派。かなり賢い子なのでしょう。ぜひ、「じょうずだね〜」と声をかけてあげて。

うさの格言 高度な遊びは“現代っ子”の証

Q32 床をホリホリと掘る。何をしているの？

うさゴコロ

掘らないと！

　ペットうさぎの祖先アナウサギは、土を掘って巣穴をつくり暮らしています。穴を掘るのは、野生の本能です。何か目的があって掘っているわけではなく、単純に「掘らなきゃ！」という気持ちからでしょう。ぜひ、気が済むまで掘らせてあげて。

　ふとんにのる、雨が降る、ほかのうさぎのにおいがするなど、「掘りたいスイッチ」はうさぎそれぞれ。うさんぽ中、地面を掘って冷たい土を探し、その上で涼をとる賢い子もいます。

うさの格言　第４の欲求「掘り欲」

Q33 スイスイとアイロンがけのようなしぐさをするのはどうして？

うさゴコロ

雨に気をつけなきゃ！

カーペットなどの上で、スイスイと前足を動かす、アイロンがけのようなしぐさ。なかにはフローリングなどの上でする子もいて、「何を伸ばしたいの？」と不思議な気持ちになりますね。

これは野生で巣穴をつくっていたころの名残。雨が降りそうなとき、掘った巣穴に水が入らないよう、入口を閉じるためのしぐさです。より入念に、前足で地面を踏み固めるようなしぐさをするうさぎもいます。

スイスイが見られたら「明日は雨？」なんて予想するのも楽しいですね。

うさの格言 スイスイで分かる明日の天気

Q34 物にじゃれる。遊んでいるのかな?

うさゴコロ
興奮しちゃう!

顔の前で振った布やカーテンにじゃれる姿を見ると「遊んでいるんだな~」と微笑ましい気持ちになりますね。しかし、じつはこの行動、単なる遊びではないのです。

顔をくり返し何かがかすめる動きは、うさぎ同士が性的興奮度を高めるために行う「愛撫」に似ています。つまり、興奮してテンションが上がっている可能性が高いのです。やりすぎると本能が刺激され、縄張り意識が高まったり、マウンティングやスプレーの原因になるので、ほどほどに。

うさの格言 恋愛スイッチは「布」で入る!?

Q35 へやんぽ中、いろいろ物をかじる。困らせようとしてる!?

うさゴコロ
そこに物があるからさ

うさぎは、人間のように手で物をつかんで確かめる、ということができません。ではどうするかというと、かじって固さや素材を確認するのです。つまりうさぎが物をかじるのは、掘る（P67参照）のと同様、本能的な行動なのです。

とくに、電気コードやリモコンのスイッチは大好物！　歯を立てるとすぐにかみ切れ、形の変化を楽しめるからです。遊びのひとつになってくり返す可能性があるので、かじられて困るものは、きちんと片づけておきましょう。

うさの格言　ものごとは歯で確認

Q36 ケージをガジガジとかじる。どうして？

うさゴコロ

お願い〜っ！

ケージをかじるのには、大きく分けて次の３つの理由が考えられます。ひとつめは、「ケージから出して！」。家族が楽しそうにしている、お気に入りの場所にだれかが座っているなど、外に出たい理由があるのでしょう。ふたつめは、「ごはんちょうだい！」。そして３つめは「暇だ〜」という理由から。何もすることがなくて、つい目の前の物をかじっているのかもしれません。

ケージをかじり続けると、歯並びが悪くなることもあります。かじり木をとりつけるなど、対策を。

うさの格言 ガジガジは「お願い」のサイン

Q37 ぬいぐるみを抱えて腰をカクカク。何をしているの？

うさゴコロ

興奮度MAX！

腰をカクカクと振る「マウンティング」は、生殖行動のひとつです。ぬいぐるみに行うのは、疑似行為。とくにオスの場合、交尾できる姿勢になると、自動的に腰を振ってしまうことがあります。メスなのに頻繁にマウンティングをする子は、体内の男性ホルモン量が多いのかもしれません。

うさぎは、「種を残す」という本能が極めて高い動物。マウンティングをくり返すと、無我夢中になってわけがわからなくなってしまうこともあります。させすぎないように注意して。

うさの格言 子孫繁栄のため、腰カクカク

こんな
うさゴコロ
も

大好き〜っ♡

異性間のうさぎのマウンティングは、生殖行動によるもの。「好き」という気持ちからくる、最大級の愛の表現です。避妊・去勢していない場合、妊娠することがあるのでご注意を。
ただし、同性同士でやるようなら、順位づけの意味が強いかも。その場合、マウンティングの前にけんかをするなど、前兆が見られます。

こんな
うさゴコロ
も

オレの言いなりだっ！

飼い主さんの腕や足に向かってマウンティングをする子もいます。大好きな飼い主さんのにおいをかいで、興奮スイッチが入ってしまったのでしょう。
マウンティングには順位づけの意味合いもあるため、させすぎると「この人は自分の言うことを聞いてくれる」と思われてしまいます。

表情
ボディ
行動
暮らし
仲よし

Q38

牧草をくわえてウロウロしている。どうしたの？

うさゴコロ

巣をつくらなきゃ♡

牧草を口いっぱいにくわえてウロウロと動き回るのは、「偽妊娠《ぎにんしん》」からくる行動のひとつです。

偽妊娠とは、メスが妊娠したかのように振る舞うこと。お尻をなでられるなどの刺激を交尾とかん違いして、排卵が起こるのが原因です。赤ちゃんを産むための巣の材料となる牧草をくわえ、「どこにつくろうかな～」と歩き回っているのです。自分の毛をむしる、神経質になるなどの変化もみられます。個体差もありますが、1～2週間程度でおさまります。

うさの格言　（かん違いでも）子育て全力投球！

Q39 毛をむしったり、爪をかんだりする。ひとり遊びかな？

うさゴコロ

ストレス～

自分の毛をむしったり、爪をかんだりする理由は、ストレスを感じている、痛みやかゆみを解消しようとしているなどです。後者の場合、腹痛や、脱臼、手術後の違和感、皮膚病の可能性があるので、よく観察して原因を探りましょう。なかには、爪をかじるのがクセになっている子も（Ｐ１４３参照）。

毛をむしっているのが妊娠中のメスの場合は、巣をつくるための正常な行動です。偽妊娠（Ｐ74参照）の場合、口に入った毛を飲み込むと、胃に毛が溜まる原因になるので、注意しましょう。

うさの格言 ストレスは自分の体で発散！

Q40

いきなり走り出した！何があったの？

うさぎが走り回るのは、「楽しい」か「怖い」かのどちらかです。

楽しいときは、スキップをするかのように軽やかに跳ねながら走ります。走り回るだけでなく、ジャンプしながら体をひねったり、お尻や頭を振ったりと、何らかの「オプション」があるはず。ぜひ、「楽しいね～」と声をかけて、喜びを共有しましょう。

右記のオプションがなく、目を見開いて走り回っている場合、怖がっている可能性が高いです。この場合は「大丈夫だよ」と優しく声をかけて。

うさゴコロ

楽しい～♪／怖いっ！

うさの格言 感情は「オプション」で見極めよ！

こんなうさゴコロも

パニック!!

走り回ったうさぎが、そのまま窓や壁に激突してしまうことがあります。これは、恐怖でパニックになり、周囲が見えなくなってしまっているのが原因。強くぶつかると首を骨折することもあり、大変危険です。

このとき、飼い主さんが焦ると、恐怖を助長してしまいます。落ちついて声がけをしましょう。

こんなうさゴコロも

広〜い♪

掃除のあと、ケージに戻したときに動き回るのは、ケージ内が片づいて広くなり「広くなって動きやすい♪」と喜んでいるから。感情表現が豊かな若いうさぎによく見られます。

ただし、ケージのレイアウトなどに不満があって動き回っている可能性も（P61参照）。全身の動きや表情を観察して判断を。

Q41 食事のあと、痙攣《けいれん》のような動きをする。大丈夫？

うさゴコロ

しゃっくりだよ

うさぎが「ヒック」と痙攣《けいれん》のような動きを見せることがあります。これは、しゃっくりの可能性が高いです。

しゃっくりは、横隔膜の痙攣が原因で起こるもので、すべての哺乳類に見られます。とくに食後は、消化管が刺激されることで横隔膜の痙攣が起きがち。ペレットなど、消化に時間がかかる食事をしたあとは、のんびりと過ごさせてあげましょう。

あまりに頻発する場合、病気が隠れている可能性もあります。早めに獣医師に相談を。

うさの格言 食後は消化に集中すべし！

Q42 落ちつかない様子で周囲をきょろきょろ見回すのはどうして？

うさゴコロ

な、なんだろう!?

忙《せわ》しなくあたりをきょろきょろと見回していたら、「な、なんだろう!?」「何が起こっているの!?」と、プチパニックになっているサイン。見慣れないにおいや音、感触がしたため、焦って正体を探ろうとしているのでしょう。まさに「きょどっている」状態です。

焦りの対象を「敵」「怖いもの」と判断した場合、パニックになって走り出すことがあります（P77参照）。飼い主さんが急に動くと、余計に怖がってしまうことも。優しく声をかけて落ちつかせましょう。

うさの格言 きょどって走ってパニクって

Q43 急にコロンと転がった！体調が悪いの!?

うさゴコロ

ひと休み♪

急にコロンと床に転がるうさぎ。勢いよく「バタン！」と大きな音を出して転がったりすると、びっくりしますよね。でも、ご安心を。これはうさぎがごきげんなときや、心地よく感じているときに見られる行動です。ごはんを食べて「ふぅ〜、満足」、遊んだあとに「ひと休み♪」など。落ちついた気持ちで、のんびり休憩しているのです。

ただし、フラフラして倒れたり、回転してしまうようなら、斜頸《しゃけい》からくるローリングの可能性があります。タオルなどでくるんですぐに病院へ。

うさの格言 ごきげんなときは倒れるべし

Q44 足を耳の奥に突っ込んでいるけど、大丈夫？

うさゴコロ

耳掃除中〜

後ろ足を耳に突っ込み、クイクイ！これはうさぎの耳かき。トレードマークである長い耳をきれいに掃除するために、足を突っ込んでいるのです。

うさぎにとっては慣れた行動なので、心配しなくて大丈夫。ただ、爪が伸びていると、引っかいて傷つけてしまうことがあるので注意が必要です。

ちなみにとった耳垢は、そのまま口に運びます。野生では、分泌物を残すと敵に自分の情報を与えてしまうことになるため、本能的に食べるように刷り込まれているのです。

うさの格言 個人情報の流出は厳禁！

うさの4コマ劇場 観察編

ちらかし注意！

いたずら対策？

COLUMN 3

公認種は48種！
うさぎの品種いろいろ

アメリカのARBA*が公認しているうさぎの品種は48種類（2015年9月現在）。そのなかから、日本でもよく見られる品種をいくつか紹介します。

うさぎは、大きく分けて「立ち耳」と「垂れ耳」がいます。立ち耳の代表格は「ネザーランドドワーフ」。小さな体と丸くて大きな顔、そして短い耳が特徴です。野生種の血が入っているため、うさぎ本来の野性的な性格の子が多い傾向があります。長毛種の「ジャージーウーリー」や、ベルベットのような毛をもつ「ミニレッキス」も人気品種に数えられます。ふさふさのたてがみをもつ「ライオンヘッド」は、2014年に公認されたばかり！

垂れ耳でもっとも小型の短毛種、「ホーランドロップ」も、非常に人気が高いうさぎ。つぶれたような丸い顔と、スプーンのような耳が魅力的で、おっとりした性格の子が多いよう。似た外見の長毛種には、「アメリカンファジーロップ」がいます。

ちなみに、よく耳にする「ミニウサギ」は、品種ではなくミックス（雑種）の呼称です。性格や体型、カラーはさまざまで、唯一無二の個性に惹かれる人が多いようです。

品種は、お迎えするうさぎを選ぶときのファクターのひとつ。ですが、こだわり過ぎると視野が狭くなって、運命の子との出会いを逃すことも。あくまで参考程度に、実際にうさぎと会ったときの印象を大切にしてください。

＊ ARBA……アメリカン・ラビット・ブリーダーズ・アソシエーション。
1910年に設立、うさぎの品種の管理や開発、血統の登録などを行っている協会。

LESSON 4

行動の意味を探ろう
［暮らし編］

Q45 いつものごはんを食べない。飽きちゃった？

うさゴコロ

具合が悪いよ…

食欲不振は体調不良のサイン。うさぎは食事をとって腸を動かすことで体の健康を保っているため、丸一日食事をとらないと危険といわれています。「牧草が減っていない」「いつもは飛びついてくるおやつに反応しない」など、異変に気がついたらすぐに病院へ。

味に敏感な子だと、いつも食べている銘柄のペレットでも、製造時期が異なる場合、味の違いを感じて食べなくなることがあります。新しい袋を開ける際、最初の数日は古いものと混ぜて与えるようにするとよいでしょう。

うさの格言　「食べない」は体の赤信号

Q46 特定のフードしか食べないうちの子は、グルメ？

うさゴコロ

今限定の好みかも

たしかに食にがんこな子もいますが、年齢や体調の変化にともない、うさぎの味覚は変化します。人間だって、子どもから大人になれば好みも変わりますし、病気のときは普段あまり食べないものが欲しくなったりしますよね。「うちの子はこれしか食べない」と決めつけず、うさぎの様子を見ながらいろいろなものを試してみて。とくに体調不良時に好む食べものを知っておくことは重要です。「食欲が落ちたときも、これなら食べてくれる」というものを見つけておきましょう。

うさの格言 体が求める味は変化する！

Q47

フード皿を引っくり返す。ごはんが足りないの？

うさゴコロ

気に入らない！

中身が空っぽなら、「おなかすいた！」ごはんが入っているときなら、「この入れ物、食べづらいんだよ！」など。不満をお皿にぶつけて〝ちゃぶ台返し〟をすることで、飼い主さんにアピールしています。なかには、お皿を動かすことがおもしろくて、遊びでしている子も。

引っくり返せない重いものか、固定式のタイプに替えるのも一案です。ただ、毎回お皿から散らかして床で食べたがる場合は、無理にお皿を使わせなくてOK。床に直置きであげてみて。

うさの格言 ちゃぶ台返しはうさぎの特技

ごはん

Q48 牧草を散らかしてお行儀の悪い食べ方をするんだけど…。

うさゴコロ

好きなものは先に食べる派

牧草をあげると、うさぎはまず自分の好きな穂や葉っぱなどおいしいところを探して食べようとします。さらに空気に触れていない香りの強い牧草を求めて、フィーダーの奥のほうに入った牧草をかき出します。その結果、牧草が散らばってしまい、掃除をするのが大変！　でも、これがうさぎの食べ方なのです。

ちなみに牧草を食べずにかみ切って落とす行動をくり返すのは、イライラしているときです。手を出すと攻撃されることもあるので気をつけて。

うさの格言　うさぎにはうさぎの食事マナー

Q49 水をあまり飲んでいないけど、大丈夫？

水分の多い野菜や果物をたくさん食べたときや、湿度の高い日などに、いつもより多少飲む量が減るのは大丈夫。ただ、極端に少なかったり、まったく飲んでいないときは体調不良を疑って。

　急に飲む量が減ったという場合、給水ボトルが壊れている可能性もあります。水がきちんと出ているか確認を。高齢の子や体調の悪い子は、首を持ち上げることなどがつらくてボトルから飲まなくなる場合もあります。お皿やシリンジなど、いろいろな方法で飲めるよう普段から練習しておきましょう。

うさゴコロ

飲みにくいよ

うさの格言 水はうさぎの命の源

Q50 トイレで寝ちゃうのはどうして？

うさゴコロ
落ちつく〜

うさぎは周囲を囲われた、せまい場所が大好き（P98参照）。そのため水切りカゴなど、自分の体がぴったり収まる容器があると気に入ってベッドにするうさぎは多いものです。トイレもそのせまさと、囲われている感覚が安心するのか、ついくつろいでウトウトしてしまうのでしょう。

オシッコやウンチには自分のにおいがついているので、さらに落ちつくのかも。または単純に「トイレに座っていたらなんだか眠くなっちゃった」と、寝ている場合もありそうです。

うさの格言　愛用トイレはベッドも兼ねる

Q51 オシッコをまき散らすのは、嫌がらせ？

うさゴコロ
オレの縄張りだ！

うさぎは縄張り意識の強い動物です。オシッコをまき散らすのは、自分のにおいをつけて縄張りを示すため。「マーキング」と呼ばれる行動です。
とくに多頭飼いの場合、相手のにおいに反応して執拗に行う傾向にあります。ほかのうさぎが残したにおいを嗅いでいるときに触ったりすると、「邪魔するなよ！」とでもいうようにまき散らすことも。マーキングをやめさせることは難しいので、壁にプラスチックボードを貼るなど掃除がしやすい環境づくりをして対応を。

うさの格言　アイツと競うオシッコ飛ばし

こんな
うさゴコロ
も

予約済み！

発情したオスは、メスにオシッコをかけます。自分のにおいをつけることで、ほかのオスに対して「この子にはもう先に目をつけてる奴がいるんだ」と示すためです。ただ、もっと強いオスが現れると、「オレにのり換えな」とばかりにオシッコをかけてにおいを塗り替えてしまうこともあります。

こんな
うさゴコロ
も

オレの色に染めるぜ！

「好きな相手にオシッコをかける」という習性は、ペットうさぎの場合飼い主さんを対象とすることも。とくに人間は料理や香水、排気ガスやほかの動物のにおいなど、いろいろなにおいをまとうことが多いため、「自分のにおいをつけて安心したい」という思いからオシッコをかけてくることもあります。

Q52 いろいろなところにオシッコをするのはどうして?

うさゴコロ こだわりがないんだ

本来うさぎは、排泄場所を決めるものです。それが定まらずいろいろなところにする子は、「別にどこでしてもいいじゃん」というお気楽なタイプなのでしょう。

掃除をする側からすれば、一か所にしてほしいと思ってしまいますよね。でもトイレが適当な子はこだわりがない分ストレスも少なく、性格的におおらかな子が多いのです。「いつまでもトイレを覚えない!」とイライラするより、人間側も「ま、いっか」とおおらかな気持ちでつき合うのが吉です。

うさの格言 気の向くままにジャージャーと

こんなうさゴコロも

大きなトイレだなぁ〜

部屋ではしないけれど、ケージ内ではどこでもしてしまうという場合。ケージ自体がトイレという認識なのかもしれませんね。掃除は大変ですが、本人の意思を尊重してあげて。

こんなうさゴコロも

ここがしっくりくるの

お尻がはまる感覚が好きでフード皿にしたり、母うさぎの毛と牧草でつくられた巣で排泄していた本能から、牧草の上にすることにこだわって牧草フィーダーをトイレにしてしまう子もいます。

こんなうさゴコロも

なんか違う…

トイレ容器が体の大きさに合っていなかったり、高さが使いづらくてトイレを使わないうさぎも。体の成長とともにサイズを見直して。高齢の子は段差の少ないものに替えましょう。

トイレ

Q53

自分のウンチを食べているけど、汚くないの？

うさゴコロ

栄養を摂っているよ

うさぎは肛門に直接口をつけて〝食糞《しょくふん》〟します。食べるのは「盲腸便」というやわらかいウンチで、タンパク質やビタミンなどの栄養を含んでいます。盲腸便を食べることで、消化時に吸収できなかった栄養を摂取しているのです。「汚い！」などと思わないでくださいね。

盲腸便を食べずに残す場合は、栄養過多になっている可能性があります。また盲腸便とは別に、通常の固いコロコロしたウンチを食べる場合は、繊維質が足りていないのかもしれません。

うさの格言 うさぎのウンチはサプリメント

トイレ

Q54

お尻からくさいにおいが…。

これっておなら？

うさゴコロ

ボクはこういう者です

うさぎはしっぽを上げて鼠《そ》径《けい》腺《せん》という臭腺を開き、自分のにおいを発散します（Ｐ33参照）。「おなら？」と思うほどくさいにおいをさせている子は、臭腺に分泌物が溜まっているのかも。綿棒などでお掃除してあげましょう。

さらにそのにおいをウンチにつけて落とし、自分の縄張りを主張することもあります。うさぎはにおいから性別や年齢、健康状態なども読みとれるのだとか。そのためほかのうさぎのウンチが落ちていると、においを嗅いで「どんな奴だ？」と情報収集します。

うさの格言 においはうさぎの名刺です

Q55 せまいところに入りたがるけど、苦しくないの？

うさゴコロ

安心する～

野生のアナウサギは、地中につくった巣穴で暮らしています。そのため本能的に、せまくてちょっと暗い場所が落ちつくのです。とくにトンネルのように体にぴったり合ったサイズの場所や、三方を囲われた閉塞的な場所を好み、家具と床のすき間や、棚の奥などに無理やり入り込むことも。

本能的な行動なので、しつけでやめさせることはできません。危険な場所やうさぎに入られたくない場所は、すき間を塞いだりサークルで囲うなどして、入れないようにしておきましょう。

うさの格言 すき間があれば入りたい

居場所

Q56 部屋の真ん中で寝ているけど、どうしたの？

うさゴコロ

ここには危険なんてない♪

自然界ではつねに敵から狙われているうさぎは、敵から丸見えになる広い場所よりも、周りを囲まれたせまい場所を好みます（Ｐ98参照）。寝るときは一番無防備になるため、ケージの中やテーブルの下など、すぐに触られないような場所を選ぶうさぎが多いものです。

部屋の真ん中で眠れるのは、おうちを心から安心できる場所と思っている証拠。「毎日快適だよ♪」という、うさぎからのメッセージです。ぜひ一緒に添い寝してあげて。

うさの格言　ここはわたしの楽園です

Q57 ケージに戻らない。何が不満なの？

うさゴコロ

まだ遊んでいたいんだ！

ケージの外で遊ぶのが楽しくて、戻りたくないのです。「楽しいのになんで戻らなきゃなんないの」と思っているのでしょう。「ごはんはケージの中で食べる」「飼い主がいないときはケージに入る」など、普段からメリハリをつけて、学習させることが必要です。

無理やり追い立てて入れると、ますますケージに戻るのが嫌になってしまいます。おやつで誘導したり、抱っこで戻したあとなでてあげるなど、いい要素を入れることで、気持ちよく帰ってもらえるようにしましょう。

うさの格言 楽しいことは永久に続けたい

こんなうさゴコロも

そこに入ると嫌なことが…

キャリーに入るのを嫌がるのは、動物病院に連れて行かれた記憶などから「キャリーに入ると嫌なことがある」と思ってしまっているのかも。普段から遊び場に出しておく、キャリーの中でおやつをあげるなどして慣らしておくとよいでしょう。嫌がっても必要なときには抱っこで入れられるよう、飼い主さんも練習を。

こんなうさゴコロも

怖い…／動きたくない

ケージから出ようとしないのは、まだ家に慣れていなくて、ケージの外に出るのが怖いのかもしれません。「怖くないよ」と声をかけて、抱っこで出してあげるといいでしょう。「今は別に外で遊びたい気分じゃない」という場合も。そんなときは、無理に出さずにそっとしておいて。

Q58 座ぶとんやふとんの上にのりたがるのはどうして？

うさゴコロ
居心地いい♪

硬い床に座るより、座ぶとんに座るほうが居心地がいいのは人間もうさぎも同じ。体重で適度に沈みこみフィットする感覚も気持ちいいのでしょう。
さらにふとんにのると、「ここはやわらかい土地だ！　掘りやすいからいい巣穴がつくれるぞ！」と、本能的にうれしさがこみ上げてきて、テンションが上がってしまうようです。興奮して跳ね回ったりホリホリすることも。穴が開いたりオシッコをされたりといったリスクはありますが、可能なら心ゆくまで遊ばせてあげて。

うさの格言　やわらかい土はうさぎの憧れ

Q59 寒いのに窓際にいるけど、どうしたんだろう?

うさゴコロ

具合が悪い…

動物は弱ってくると、本能的に敵に見つかりにくい場所に隠れようとします。寒いのにカーテンの裏や部屋の隅の暗いところに隠れてジッとしているときは、かなり具合が悪い場合があるので要注意です。

高齢の子や闘病中の子は、とくに気をつけて。体の感覚が鈍くなっているため、日中暖かいときに窓際で寝ていて、そのまま寒くなっても気づかずに体が冷えてしまう危険も。夏場なら陽射しの強い窓際にいて脱水症状になることもあります。

うさの格言 弱ったところは見せたくない

Q60 いつも椅子の脚に寄りかかっているのは楽だから？

うさゴコロ 安心するの

単純に寄りかかると楽だから、という場合もあるでしょう。とくに年をとって足腰が弱くなってくると、体を支えるようにケージの網などに寄りかかっている姿を見るようになります。

何もないところにいるより、体の一部が何かについていると安心、という理由も。せまい場所を好んだり（P98参照）、仲のよいうさぎが身を寄せ合う（P113参照）のと同じです。飼い主さんの足などに寄り添ってきたら、信頼されている証拠。「落ちつくね〜」と一緒にのんびりしちゃいましょう。

うさの格言　いつでも何かに寄り添いたい

Q61 毛がいっぱい抜けた！ストレス？

うさゴコロ

衣替え中！

うさぎは季節の変わり目に換毛します。換毛期には、びっくりするほどたくさんの毛が抜けます。なでていると手にたくさん毛がついてきたり、掃除をしてもすぐケージの隅などに毛がたまるようになったら、換毛開始のサイン。できれば毎日ブラッシングをして、抜け毛を取り除いてあげて。

ダニがついてかゆかったり、ケガをしているなど違和感があって、その部位の毛をかじって抜く場合もあります（P75参照）。気になったら動物病院で診てもらいましょう。

うさの格言 季節の変化には敏感です

Q62 爪を切ったら血が出た！ 痛くないの？

うさゴコロ

びっくり！ でも痛くはないよ

うさぎの爪には血管が通っているため、深く切ると血が出てしまいます。このとき、血管を切られた衝撃でびっくりして暴れることがあります。動くとよけいに血が出るので、「大丈夫だよ」と声をかけて落ちつかせて。

止血するには、ティッシュなどを爪先にあててしばらく圧迫するか、専用の止血剤をつければOK。うさぎがなめてしまうので、人間用の消毒薬は塗らないで！ 伸びた爪を放置すると、引っかけて折れる危険もあります。爪はこまめに切りましょう。

うさの格言 出血＝痛いとは限らない

Q63 毎日同じ生活でつまらなくないのかな？

うさゴコロ

変わらないのが幸せ♪

自然界では捕食される側の動物であるうさぎにとって、平和に一日を過ごせることは、何よりも幸せなこと。人間なら「いつも同じじゃつまらない！」と刺激を求めたくなりますが、うさぎは「毎日同じが安心！」なのです。

刺激はたまにいつもと違う野菜などをもらうだけでじゅうぶん。とくに憶病な子や神経質な子には、環境の変化が大きなストレスになります。無理に変化をつけようとせず、うさぎが安心して過ごせる環境を守ってあげてくださいね。

うさの格言 うさぎの辞書に退屈の文字なし

うさの4コマ劇場 暮らし編

グルーミングショック！
グルーミングのあとは…
プライド傷ついた！
隠れて出てこない子や
ちょっと逃げて…
おやつを見たらわすれる子
ごほうび♡
クル
うさぎそれぞれ！

寄りかかって…
寄りかかるのが好き
座ぶとんや…
ケージの網
カーペットのふち…？
ぐらっ
ハッ
寄りかかってるつもりだった？

神秘的？ ずるがしこい？

うさぎにまつわる昔話・神話

COLUMN 4

うさぎは、古来より人間になじみのある動物です。そのため、世界中にうさぎが登場する昔話、神話が残されています。そのなかから、日本でも有名なお話を４つ紹介します。

ひとつめは、イソップ童話「うさぎとカメ」。うさぎと、歩みの鈍さをばかにされたカメが競争をする話です。序盤リードしていたうさぎですが、過信して寝てしまったために、カメに負けてしまいます。ふたつめは、日本の民話「カチカチ山」。だまされてしまった老夫婦に代わり、口八丁でタヌキをこらしめる話です。前者のうさぎは怠け者、後者のうさぎは賢く、悪知恵がはたらく動物としてえがかれています。

一方、うさぎを神秘的な動物としてえがいているものもあります。ひとつめが「月のうさぎ」です。仏教神話や今昔物語などに伝わり、山中で力尽きている老人を助けようと、自らの体を食料としてささげるために火に飛び込んだうさぎのお話です。実はその老人は神様（帝釈天《たいしゃくてん》）で、うさぎの姿に感動し、その慈悲を後世まで伝えるべく月に送ったそう。ふたつめは日本の伝承「因幡《いなば》の白うさぎ」。だまされて泣いているうさぎを日本の神様、大国主《おおくにぬし》が救うお話です。この神話に基づき、うさぎを神の使いとして祀《まつ》っている神社もあります。

LESSON 5

行動の意味を探ろう
[コミュニケーション編]

Q64 お尻のにおいを嗅ぐのはどういう意味？

うさゴコロ
あなたはだあれ？

うさぎはにおいを嗅いで情報収集をします（P18参照）。とくに肛門付近にある鼠径腺《そけいせん》という臭腺から出るにおいには、うさぎの個人情報が詰まっているため（P97参照）、知らない相手に出会ったら、お尻に鼻を近づけてにおいを嗅ぎます。

　お互いににおいを嗅ぎ合うのは、人間が初対面の相手とまずは名刺交換をするようなもの。そこから相手が繁殖の対象になるのか、どちらのほうが強いのか、気が合うか合わないかといった判断がなされます。

うさの格言　においを嗅げばすべてがわかる

Q65 せまいところでくっつき合うのは仲よしだから?

うさゴコロ

安心する〜

せまい場所は落ちつくし(P98参照)、何かに寄り添うと安心(P104参照)。だからせまいところで仲のいいうさぎ同士ぎゅうぎゅうとくっついていれば、とっても安心なのです。

子うさぎは巣箱を外されると、ケージの隅でくっつき合います。きょうだいと離れるのがまだ不安なのでしょう。

うさぎのペアはよく見ると、いつも寄り添っていくのは決まった子だったりします。人間と同じで、ベタベタしたいタイプとそうでないタイプがいるようです。

うさの格言 アナタといれば怖くない

Q66 毛づくろいをしてあげるのは、面倒見がいいから？

うさゴコロ

大好き♡

「大好き！」と、親愛の表現としてなめている場合は、うさぎの表情もうっとりして、ラブラブな雰囲気が漂っているでしょう。それ以外にも、〝世話好き〟なタイプの子が、「お世話してあげるね」と、ほかの子の毛づくろいをしていることもあります。

また、とくに何も考えず、自分の毛づくろいをしているときに「横にいるからついでになめとくか」という場合も。ためしに毛づくろい中に指を差し出してみると、人間のこともなめてくれるかもしれませんよ。

うさの格言 愛はペロペロで伝える

表情
ボディ
行動
暮らし
仲よし

COLUMN

うさぎの上下関係

野生のアナウサギは、優位と劣位がはっきりした上下関係のある群れで暮らしています。具体的には、1匹のオスに数匹のメスがつく形で、メスは優位と劣位によって巣穴の位置や交尾の順番に影響があります。ペットうさぎにもその習性は残っていて、1匹飼いなら飼い主と、多頭飼いなら飼い主含むほかのうさぎたちとの間に上下関係をつくります。

家の中では、飼い主が一番上に立ちたいもの。うさぎが甘えてきたときは思い切り甘やかしてもいいですが、わがままは許さない強さをもって。

こんなうさゴコロも

悪気はないんだ

毛づくろいをされていた側のうさぎのひげがなくなっていた！　とびっくりすることがあるかもしれません。毛づくろいのとき誤ってかみ切ってしまうことがあり、たいていは問題ありません。わざとかみ切る〝いじめっ子〟なら、されたほうはビクビクしているはずなので、その場合は2匹を離すようにして。

Q67

自分のが嫌なの？ ほかの子のごはんを食べる。

うさゴコロ

あっちのほうがおいしそう

うさぎの一番の関心事といえば、食べること。ほかのうさぎが何かを食べていると、「何食べてるの？」と確認しにいきます。それがおいしそうなものなら、奪ってでも食べようとします。

同じものがあるのにほかの子が食べているものをほしがるのは、それがとってもおいしそうだから。お皿に置いてあるものよりも、食べる音がしていたり、かみ砕かれることで新鮮なにおいが放出されていたりして、魅力的に感じるのでしょう。「こっちにもあるよ」と教えてあげて。

うさの格言　あっちの水は甘く見える

Q68

同居うさぎがいなくなり、元気がなくなった。悲しんでいるの？

うさゴコロ

寂しいよ…

たとえ一緒に遊ぶようなことがなかったとしても、うさぎは同じ家で暮らしている仲間の存在をしっかり認識しています。いなくなったこともわかります。

依存的な性格の子なら、仲のいいうさぎが先立ってしまうと、一気に元気がなくなってごはんを食べなくなり、後を追ってしまうことも。飼い主さんが支えになってあげましょう。逆に敵対していたうさぎがいなくなったら急にいきいきとしだした、なんてこともあります。

うさの格言 うさぎも心に穴が開く

Q69

行動がシンクロするのは、仲がいい証拠？

うさゴコロ

みんな仲間！

人間でも夫婦は似てくるといわれますよね。うさぎも長く一緒にいればいるほど、行動パターンが似てきます。

また、うさぎは「いつも同じが安心」で環境の変化を好みません（Ｐ１０７参照）。そのためとくに仲のよい相手に限らず、同じ空間にいるうさぎたちは、無意識に同調して同じ行動をとることがあります。１匹が水を飲み始めたら、ほかの子も飲み始めるなど、行動を共有することで安心感を得るのです。ときには同じポーズで寝るなど、完璧なシンクロを見せてくれますよ。

うさの格言 みんな一緒にハイ、ポーズ

Q70 新しいうさぎと毎日けんかしています。仲よくなれない？

うさゴコロ

気に食わないやつだ！

うさぎは群れで暮らす動物とはいえ、基本的に縄張り意識が強く、多頭飼いは難しいのです。オス同士よりはメス同士、またはオスとメスのほうが比較的仲よくできますが、相性によります。

　仲よくなりやすいのは、お互いをカバーできるような組み合わせ。主張が強いタイプ同士だと反発し合ってけんかになります。また独立心が強く、「なれ合いたくない」というタイプの子は、多頭飼いには向きません。仲の悪いうさぎは一緒にせず、へやんぽも1匹ずつするようにしましょう。

うさの格言 飼い主とふたり暮らしがちょうどいい

Q71

ほかのうさぎを一方的に攻撃する。いじめっ子なの?

うさゴコロ

オレが一番強いんだ!

うさぎは草食動物で、本来攻撃性は強くありません。しかし血気盛んな若いオスや発情中のメスなどは、気が強く攻撃的になり、同居うさぎや飼い主さんを攻撃することがあります。

性ホルモンの分泌が過剰になると、興奮が高まり、わけがわからないままかみついていることも。一方的に攻撃する子は、ほかのうさぎからはひとまず隔離して。オスは去勢手術をすると落ちつく場合もありますが、一番いいのは、こちらが優位であると認めさせること。気長につき合う覚悟も必要です。

うさの格言　興奮は自分で止められない

Q72

仲がよかったのに、急に険悪になった。どうして？

うさゴコロ

なんかムカつく…

生まれたときから一緒に育ったきょうだいでも、ずっと仲よしでいられるとはかぎりません。思春期になると自我が芽生えてきて、「この子は一緒にいて心地いい。でもこいつとは気が合わない」といった好き嫌いが出てきます。また、性成熟すると、性ホルモンの関係で発情が強くなり攻撃性が増したりもします（P120参照）。

どんなに仲がよくても、ケージはそれぞれ別々に用意して。攻撃するようなことがあれば、一緒に遊ばせるのも控えたほうがいいでしょう。

うさの格言　成長とともに関係も変わる

Q73 こちらに向かって頭を下げる。おじぎしているの？

うさゴコロ

なでて～♡

頭を下げてきたら、「なでてくださいな」と言っています。うさぎはなでられるのが大好きなので、たくさんナデナデしてあげて。

うさぎ同士でも、「なめてもらいたいな～」というとき、相手に向かって頭を下げます。なめてくれないと、いつまでも頭を下げている場合も。

なかには、なでてほしいとき、いつも飼い主さんがなでてくれる場所に行って頭を下げて待機している子もいます。そんなときは期待に応えてあげてくださいね。

うさの格言　頭を下げてナデナデおねだり

Q74 手の下に頭を入れてくるのはどういう意味？

うさゴコロ

今すぐなでて！

頭を下げるよりもさらに直接的に、「なでて！」と要求しています。「ほら、その手で今すぐなでてよ」とでも言うように、頭をグイグイねじこんでこられると、なでないわけにいかないですよね。気づいてもらえないと、さらに手をなめてくることもあります。

この行動をしたときに抱っこなどをしてしまうと、「そうじゃない！」とうさぎは裏切られたような気分になってしまうので注意。うさぎの気持ちをくんでなでてあげると、ますます甘えてくるようになるでしょう。

うさの格言 飼い主の手はナデナデマシーン

Q75 なでるとなめてくるのは、お返しのつもり？

うさゴコロ

お返しにすることもあるよ

うさぎが毛づくろいをし合う（P114参照）のと同じように、いろいろな意味があります。「お返しにわたしもしてあげる♪」という子もいれば、「わたしがあなたのお世話をするの！」となめてくる、世話焼きタイプの子も。「もっとなでて～」と〝お願いなめ〟してくることもあります。

ブラッシングの最中などになめてくるのは、「もう我慢の限界だよ！」と訴えています。表情や体のこわばりなどで判断できるでしょう。かみついたりしない優しい子ならではの表現です。

うさの格言　10ナデナデ1ペロペロが相場です

こんなうさゴコロも

気持ちいい〜

なでられている最中に、「気持ちよすぎてどうしよ〜！」と興奮が高まったうさぎは、うっとりした表情で自分の前足や床などをなめ始めます。

なかには、なでられるのに合わせて床を〝エア毛づくろい〟して、自分でしているつもりになっていることもあります。

こんなうさゴコロも

わたしが上よ！

なめるということは、いつでもかみつけるということ。そのためうさぎの群れでは、上下関係で優位のうさぎが劣位のうさぎを毛づくろいします。なめながらときどき甘がみをしてくる子は、実は飼い主さんを下に見ていて「上に立ってやる」と思っています。そのうちかみつくなど攻撃的になる可能性があるので要注意です。

Q76

急にかみついてくる！ 敵だと思ってる？

うさゴコロ

むかつく！／
怖い…

発情中など、興奮のあまり見境なくかんでしまうことはあります（P120参照）が、基本的に理由なしに急にかむことはありません。飼い主さんがしたことに対して、不快だったり、怖かったりしてかむのです。その子の「かむスイッチ」がなんなのか把握できれば、かまれなくなるでしょう。

こちらをにらみながら牧草を食べずにかみ切っている、ダッシュしてきて手前で止まる、一歩大きく前に出てきて前足で床を叩くなどの行動は、かむ前のサインです。手を出さないで。

うさの格言 かみつく理由はうさぎそれぞれ

こんなうさゴコロも 気に入らない！

なでていたらかみつかれた、という場合。触られたくない場所に触ったか、別の動物のにおいが漂ってきたなど、何か気に入らないことがあったのでしょう。しばらくそっとしておいて。

こんなうさゴコロも 入ってくるな！

ケージ掃除をするとかんでくるのは、「縄張りの中に入られたくない」「自分のにおいをとられたくない」という気持ちが強い子です。掃除中は一時的にキャリーに入れるなど隔離してみて。

こんなうさゴコロも こっちが上だ！

いたずらを叱ったときに〝逆切れ〟してかんでくる子は、飼い主さんを下に見ています。そこで「怖い」と思って接するとますます増長してしまいます。叱るときは毅然《きぜん》とした態度を貫いて。

Q77

寝転んでいると体の上にのってくる。どうしたの？

うさゴコロ

見晴らしがいいぞ！

うさぎは「高いところから見渡せる状況」が好き。いろいろなものを観察しやすいからです。飼い主さんのおなかは、さながら見晴らしのいい小高い丘。気になるものを観察したいとき、おなかの上でさらに２本足で立ち上がったりもします。ときには、ソファーなどもっと高いところに上るための踏み台としておなかを使うことも。

おなかの上にのってきたら、なでてみて。「あったかくて居心地いいかも」と思ってくれれば、おなかの上でくつろぐようになるかもしれませんよ。

うさの格言　やわらかい丘を便利に使え

Q78 ひざに前足をかけてくるのは、何か訴えているの？

うさゴコロ

ねえねえ～

おやつを持っているときなら「ちょうだい」の訴えですが、基本的には何か強い要求があるわけではなく、ちょっと気づいてほしいとか、自分に気を向けたいというときにとる行動です。

飼い主さんが別のことに気をとられていると、「ちょっとちょっと～。わたしもここにいますけど？」という感じで、ひざや背中に軽く前足をかけて触ってきます。「なあに？」とひと声かければ満足して、またひとりで遊び始めたりするので、忙しくても無視しないで反応してあげましょう。

うさの格言 ひざにチョンで存在アピール

Q79 鼻でつついてくるのは、遊んでほしいから？

うさゴコロ

そこどいて！

自分の進路に飼い主さんが座っていて通れないときなど、「邪魔！　そこどいてよ」と言うように鼻先でつついてきます。軽い「ツン！」か、強い「ズン！」かで、うさぎの要求の強さがわかります。いつも素直にうさぎの言うことに従っていると、飼い主さんを下に見てしまうので、ときにはうさぎに回り道をさせるようにしましょう。
　また、自分に気を引きたいときに、前足をかけても（Ｐ１２９参照）気づいてもらえないと、鼻先で押してくることがあります。

うさの格言　そこのけそこのけうさぎが通る

Q80

なでようとしたら手を鼻でどかされた。嫌がってるの？

うさゴコロ

今気分じゃないから！

「触んないで」と、まさに〝鼻であしらう〟態度。〝鼻ツン〟よりもさらに「邪魔なんだよね～」という気持ちが現れています。

残念ながら今は飼い主さんに興味がなく、何か別のことに気を引かれているのです。こんなときは、飼い主さんの手をどかしておやつに向かっていったりします。邪険にされて悲しくなりますが、引き下がるしかありません。おやつを食べ終わったときなど、興味の対象が変わるタイミングで、またコミュニケーションをとってみて。

うさの格言　障害物は鼻で排除

Q81 外出して帰るとしつこくにおいを嗅いでくるのはなぜ?

うさゴコロ
チェックしなきゃ!

うさぎはにおいに敏感なので、飼い主さんが外でつけてきたさまざまなにおいを「これは何のにおいだろう?」と確認するために嗅いできます。神経質な子ほどチェックが厳しいです。「自分のにおいをつけて安心したい」という気持ちから(P93参照)、においを嗅ぎながらオシッコをすることもあります。犬や猫などの捕食動物のにおいに対して過度に警戒したり、異性のうさぎのにおいで発情したりすることも。場合によっては服を着替えてからうさぎに近づいたほうがいいかも。

うさの格言 においチェックはうさぎのお仕事

Q82 あとを追ってくるのは、一緒にいたいから?

うさゴコロ

好き♡／出ていけ!

飼い主さんにべったりの子は、飼い主さんが座ればそばに寄り添い、立てば「どこ行くの!」と慌ててあとを追ってきます。そんなときは、優しく「プウ、プウ」と鼻を鳴らしながらまとわりついて甘えてきます。

一方、飼い主さんのことを縄張りへの侵入者とみなし、「ここから出ていけ!」と追い立てている場合も。その場合は走ってきて足元で止まり、足ダンをしたり、激しく「ブッ、ブッ!」と鼻を鳴らしながら威嚇《いかく》。さらにパンチをしてくることもあります。

うさの格言 好きでも嫌いでも追いかけます

Q83 名前を呼んでも来ない。嫌われてるの？

うさゴコロ
行く必要ないでしょ？

甘えたい気分のときなら、「なでてもらえるかな」と思って来ても、「今はひとりでいたいな」と思えば来ません。呼ぶと耳だけこちらに向けたり、じっと見てきたら、様子をうかがっています。「おいしいものをくれそうなら、飛んでいこう」なんて考えているのかも。また、寝ていて気づかない場合も。鼻が動いていなければ聞こえていないので、もう一度呼んでみて。

飼い主さんとの仲が深まると、名前を呼んだりアイコンタクトをとったりすると、こちらに来るようになります。

うさの格言　用もないのに呼ぶべからず

Q84 なついていたのに急に攻撃された。嫌いになったの？

うさゴコロ なんかイライラ…

うさぎはいつも同じが安心（P107参照）なので、環境の変化があるとストレスを感じ、一時的に性格が変わって攻撃的になることがあります。例えば、引っ越しや家族構成の変化、新しいうさぎやほかの動物を迎えたなど。新しい環境に慣れて落ちつくまで、いつもどおり接して見守りましょう。

また、子うさぎのころはいい子だったとしても、思春期になると自我が芽生えて反抗的になるのはだれもが通る道。性成熟すると、発情に伴って気が荒くなることもあります。

うさの格言 環境が変わればうさぎも変わる

Q85 服をホリホリ、カジカジ。遊んでるの？

うさゴコロ

我慢限界！

抱っこやブラッシングなど、自分が嫌なことをされているとき、「もうやめて！」という意味で服を掘ったりかじったりしてくることがあります。また、嫌いなうさぎのにおいがついていたら「なんであいつのにおいがついてるんだよ！」とイライラしてかじることも。服の繊維質のにおいに反応して、「食べられるものかな？」とかじっているケースもあります。

おなかの上にのってホリホリしてくる場合は、「やわらかい土だ〜」と、かん違いしているのかもしれませんね。

うさの格言 ストレスはホリホリで発散

Q86

落ち込んでいると来てくれる。なぐさめてくれてるの？

うさゴコロ

いつもと違うね？

飼い主さんの様子が何かいつもと違うことを感じとり、「何だろう？」と確認しに来ているのでしょう。

そこで「来てくれたのね。ありがとう！」となでれば、「なでてもらえてうれしいな」と、次からもそばに寄り添ってくれるようになります。それによってなぐさめられ、飼い主さんが元気になれば、結果オーライ！　うさぎも安心することでしょう。

反対にうさぎが落ち込んでいるときには、飼い主さんが寄り添ってあげてくださいね。

うさの格言　一緒にいればお互い安心

Q87 こちらをジッと見つめてくるのは好きだから？

うさゴコロ
気になる！

「好きな飼い主さんを見ていたい！」という気持ちのときもあれば、単純に「何をしているのかな？」と気になって見ているときも。うさぎはいつも飼い主さんを観察しているのです。

ふと見たときに目が合う確率が高いほど、うさぎのあなたへの関心度は高いといえるでしょう。目が合ったら、コミュニケーションをとるチャンスです。「どうしたの？」と声をかけたり、「なでてあげるから、こっちにおいで」と誘ってみて。そのうち声をかけただけで来るようになるかもしれませんよ。

うさの格言 気になる相手はとことん観察

Q88 こちらに背中を向けているのはどういう意味？

うさゴコロ すねてます

すねるとそっぽを向くのは人間と同じ。いつもなら帰宅すると「おかえり！遊んで～」と言うように寄ってくるのに、帰りが遅くなると、背中を向けて「遅いんだよっ」と無言の抗議をしてくる子も。そんなときは、きげんが直るまで待つしかありません。

近くで背中を向けているときは、すねているわけではなく、なでてほしいのかも。ブラッシング好きな子なら、ブラシを見せると寄ってきてそばで背中を向け、「ブラッシングして」とアピールすることもあります。

うさの格言 すねたうさぎは背中で語る

Q89 こちらを見ながら足ダンするのは、怒ってるの？

うさゴコロ
言うことを聞いて！

「ケージから出して！」「ごはんちょうだい！」などと要求していたり、飼い主さんが読書などに集中していると「それよりボクをかまってよ！」と抗議をしています。

うさぎの要求にすぐに応えてばかりいると、「足ダンすれば思い通りになる」と覚えてくり返すようになったり、飼い主さんを下に見るようになってしまうかも。あまりにしつこいときは、ケージに布をかけてうさぎの視線を遮断するか、ほかの部屋に移動して。「足ダンをしても無駄」と教えましょう。

うさの格言 足ダン攻撃で要求を通せ！

Q90 抱っこしようとすると嫌がって暴れる。どうして？

うさゴコロ
怖いからやめて！

野生のうさぎが体を持ち上げられるのは、肉食動物に捕まったときだけ。だから本能的に「捕まる！　怖い！」と思い暴れるのです。コミュニケーションは、なでるなどほかの方法でとりましょう。

キャリーに入れるときや、体のケアをするために、抱っこに慣れさせておくことは必要です。飼い主さんは正しい保定の仕方を学び、気持ちに余裕をもつよう心がけて。うさぎには「少しの間だから我慢するんだよ」と話しかけ、安心させてあげましょう。

うさの格言　だれもが抱っこ好きではない

Q91 仰向けにするとおとなしくなるのはどうして？

うさゴコロ
意識が遠のいて…

仰向けにすると、うさぎは催眠状態に入り、意識がなくなります。だからびっくりするほどおとなしくなり、眠っているように見えることも。でも決して気持ちよくて眠っているわけではなく、うさぎの体には多少なりとも負担がかかっています。おなかのブラッシングをするなど、必要なときだけ極短時間で済ませるようにしましょう。

催眠状態から覚めると急に動くので、仰向けでの爪切りや投薬は危険です。暴れて元の体勢に戻ろうとし、落ちて頭を打ってしまうこともあります。

うさの格言 催眠術は極短時間で

Q92 指のささくれや爪をかじる。おなかがすいてるの？

うさゴコロ

きれいにしてあげる

ささくれは、「突起があるからなめらかにしよう」という気持ちでかじっているのでしょう。きれい好きで、世話焼きタイプの子なのかも。

うさぎの中には自分の爪をかじる子もいます。生まれつきのクセだったり、足をきれいにしている延長線上でかじる子も。飼い主さんの爪をかじるのはこのタイプ。それとは違い、あるときから急に自分の爪をかじるようになったという場合、足のケガやストレスなどが原因になっていることもあるので注意して観察する必要があります。

うさの格言 爪先まできれいに整えたい

Q93 髪の毛をなめたり、かじったり。遊んでるの？

うさゴコロ

毛づくろい♪／なんか気になる

毛づくろいをするとき、うさぎは毛をなめたりかじったりします。飼い主さんを仲間と思っていて、うさぎ同士のコミュニケーションと同じように毛づくろいをしてあげているつもりかも。

また、髪の毛の感触が好きで「口に入れたくなっちゃう！」という場合も。長い髪の毛は草にも似ていますし、毛足の長いタオルなどを好んでなめたりかじったりするタイプの子は、髪の毛にも同じような魅力を感じるのでしょう。かじって食べてしまわないように注意してくださいね。

うさの格言 “もふもふ”好きは髪の毛も好き

Q94 寝ていると隣で添い寝をするのはどうして？

うさゴコロ

気持ちいい〜

「一緒に寝よう」と思って来る子もいるかもしれませんが、「起きているときとはなんだか違うぞ」と、P137のように気になって近づき、そのまま寝てしまうパターンが多そうです。

人間同士でも、寝ている人のそばにいると眠気が移ってウトウトしてしまいますよね。うさぎも同じで、寝ている飼い主さんのそばにいると気持ちよくなって寝てしまうのでしょう。うさぎが隣で寝ているのに気づいたら、起こさないようにのんびり添い寝を楽しんでくださいね。

うさの格言 一緒にウトウトが気持ちいい

Q95 足の間を8の字にグルグル回るのは、何かのアピール？

飼い主さんの足元をグルグルと8の字を描くようにまとわりつくのは、うさぎのテンションが上がっているとき。「飼い主さんが帰ってきてうれしい！」「遊んでもらえて楽しい！」「おやつがもらえる！　やった～！」など。動かずにはいられない！　というワクワクした気持ちです。

　また、オスがメスに求愛するときの行動でもあり、「オレを見てくれよ！」と自分の存在をアピールしていることも。そこからマーキング（P93参照）に発展することもあります。

うさゴコロ

ひゃっほ～♪／ボクを見て！

うさの格言　喜びあふれる８の字走行

Q96 座っていると足の下をくぐりに来るのはどうして？

うさゴコロ

楽しい！

野生のうさぎは地中にトンネルでつながった巣穴をつくり生活しています。そのためうさぎはトンネル遊びが大好き。既製のオモチャだけでなく、ふとんを丸めたものや座椅子を逆さまにして置いたものなども喜んでくぐります。人間が立てひざをして座っていると、「あそこもくぐれるぞ！」とトンネルマニア魂がうずくのでしょう。

ちなみにトンネルのようにせまくて体がはさまる場所もうさぎは大好き。足の間や、寝そべったときの腕と体の間などにはさまりに来る子もいます。

うさの格言 くぐれるものは、なんでもくぐれ

Q97 お尻を触ると腰を上げる。何をしているの？

うさゴコロ その気になっちゃった

メスのお尻周りを強めに触ると、発情のスイッチが入り、腰を上げてオスを受け入れる姿勢をとることがあります。発情するとイライラして攻撃的になったり、偽妊娠（P74参照）をしてしまうことも。無用な発情は体に負担をかけます。発情を促すような触り方をしないよう気をつけましょう。

マッサージやブラッシングも原因になることがあります。お尻のブラッシングをするときは、頭をなでたり首元をつまむなどして、刺激を一点に集中させないようにするとよいでしょう。

うさの格言 発情スイッチはお尻にある

Q98 特定の人にだけなつかないのはどうして?

うさゴコロ

正直、ニガテ…

うさぎにも好き嫌いがあり、残念ながら直感的に「気が合わない奴」認定されてしまうことがあります。あまり構われたくないタイプの子なら、かわいがろうとする人を避け、無関心な人のそばにあえて寄っていくことも。

また、うさぎは群れで暮らす動物なので、家族の中の上下関係を見ていらっしゃいます。家族の中で一目置かれている人には、「自分もボスにはいい顔をしておこう」と、あからさまに嫌うようなことはしません。家族関係を見直すことも必要かもしれませんよ。

うさの格言 フィーリングが合わない人もいる

Q99

人が集まっているところに来るのは、寂しいの？

うさゴコロ

仲間に入れて！

人間が集まって、楽しそうに話したりしていると、「楽しいところに自分も混ざりたい！」と思うのでしょう。うさぎも立派な〝群れの一員〟ですから、ぜひ仲間に入れてあげて。

また、注目を浴びたくて、人の輪の中心に入ってくることも。人の目線が集まっているところを狙って、例えばみんながテレビを見ているとテレビの前に座ったりします。そんなときは「あ、かわいい子がいる！」などと褒めてあげましょう。「見てもらえた♪」と満足して、ごきげんになりますよ。

うさの格言 注目と称賛で有頂天に

Q100

一緒に散歩したいのに、全然動きません…。どうして？

うさゴコロ

お外は怖いよ…

うさぎはいつもの家の中が一番安心。環境の変化は好みません（P107参照）。外には犬やカラスなどの外敵もいますし、ノミやダニがつく心配もあります。怖がって固まる子は、無理に外に連れ出すのはやめましょう。

そもそも、うさぎはそこまで運動量を必要としません。全力で走るのは、敵に襲われたときだけで、普段は体力を温存するものです。「家の中でのへやんぽだけだと運動不足になるのでは？」という心配はいらないので、安心してくださいね。

うさの格言　怖がりうさぎに“うさんぽ”は不要

うさの4コマ劇場 コミュニケーション編

大好きペロペロ！
なめてくれてうれしい♡
ペロペロ
そのポーズは…
ハッ！
ス…
盲腸ふんたべた
もっちゃもっちゃ
もっちゃもっちゃ
ヌ〜。。。
ウッ
困ります…
それでもうれしくて
ペロペロ♡

飼い主心フクザツ！
うさぎこわ〜い
ブッブー！
ダッ！
機嫌悪いみたいで〜！
ゴメンね〜！
ふーん
私にだけなついてるの♡
別の日
うさぎかわいい！
初対面からベタリなんて
でしょ〜
妬いちゃうな〜

チェックでわかる！

うさぎとの関係性診断

あなたはうさぎからどれくらい愛されてる？　そして飼い主さんはどれくらいうさぎを想ってるの!? うさぎとの関係性を診断します。

☑ あてはまるものをチェックしよう！

STEP1

うさぎ  → 飼い主さん 

- □ 抱っこされる or ひざの上にのるのが好き
- □ なでられるのが好きで、「なでて！」とせがんでくる
- □ 名前を呼ぶと、高確率でふり返る
- □ 飼い主さんの手やひざなどに、頻繁にあごをこすりつける
- □ ケージに近づくと、こちらに寄ってくる

- □ へやんぽ中、飼い主さんが移動するとついてくる
- □ 飼い主さんが寝ていると「添い寝」をする
- □ 顔を近づけると鼻でツンツンしてくる

- □ 足のまわりを８の字に走り回る姿をよく見る
- □ 手から直接おやつを食べる

チェック数　　／10

☑ あてはまるものを
チェックしよう！

飼い主さん  → うさぎ 

STEP2

- □ うさぎが「おやつちょうだいっ！」と訴えてきても、健康を考えて与え過ぎないようにしている
- □ 毎日声をかけながらうさぎと接している
- □ うさぎと接する時間は、どんなに忙しくても短くしない
- □ うさぎの遊び場や隠れ家をつくるなど、部屋がうさぎ仕様である
- □ 自分が遊びたいときでも、うさぎが寝ていたりほかのことに熱中していたら、ちょっかいを出さずに我慢する
- □ うさぎを見れば、今の気持ちや体調がわかる
- □ へやんぽ中、うさぎが甘えてきたらいつでも応じる
- □ うちの子の好きな食べもの、遊びがすぐに挙げられる
- □ 食事量や飲水量、排泄物の様子や体重を毎日チェックしている
- □ 病気ではなくても、定期的に健康診断を受けさせている

チェック数　　／10

診断結果をチェック！

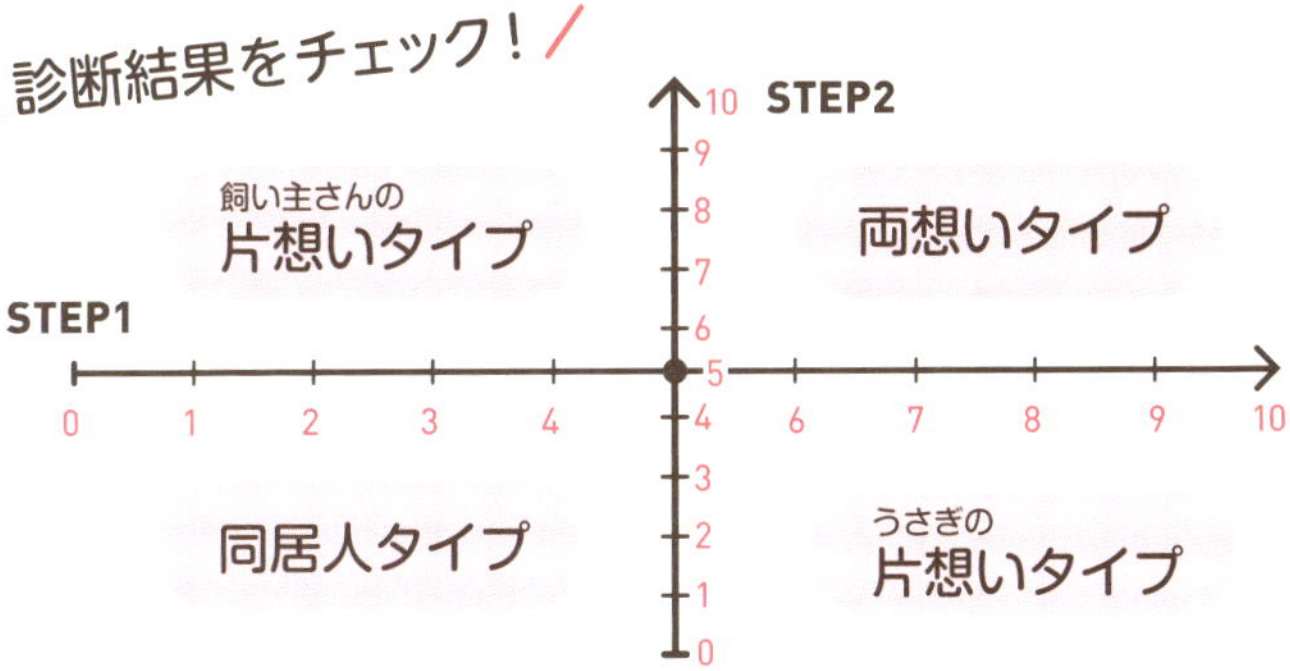

詳しい結果は次のページ

診断結果をチェック！

あなたとうさぎの関係性は？

＼ STEP1、2 共に６点以上 ／

両想いタイプ♥

おめでとうございます！　あなたとうさぎは相思相愛。うさぎはあなたといることに居心地のよさを感じ、毎日リラックスして過ごしています。それは、あなたがうさぎの気持ちを考え、ストレスをかけないように気をつけているから。ただし、いつもあなたの後ろをついて回る子は、あなたと離れるのが不安になっているのかも。お留守番中も落ちついて過ごせるように、少しずつ練習して。

＼ STEP1 のみ６点以上 ／

うさぎの片想いタイプ

うさぎはあなたのことが大好き！ ですが、あなたのほうはその愛に応えられていないようです。うさぎが何を考えているか察せますか？　うさぎの気持ちを知るには、一緒に過ごし、よく観察することが大切。最近､忙しくて遊べていないなぁ、という人は、ぜひ一緒に過ごす時間をつくってあげて。放任し過ぎると､うさぎが愛想を尽かして、心を閉ざしてしまいますよ。

＼ラブラブ♥／
＼こっち向いて？／
＼尽くしますっ／
＼お互いフリー／

＼ STEP2 のみ 6 点以上 ／

飼い主さんの片想いタイプ

うさぎのことが大好きで、「できることは最大限やってあげたい！」と考えているあなた。ですが、うさぎのほうはちょっぴりその押しの強さに引いている可能性が。うさぎに愛されたいばかりに、過保護になり過ぎたり、いいなりになったりしていませんか？　要求の聞き過ぎはわがままな性格を助長してしまいます。うさぎ愛は申し分ないので、彼らの気持ちを察し、よい距離感を保つと◎。

＼ STEP1、2 共に 5 点以下 ／

同居人タイプ

あなたとうさぎはお互いが独立していて、ただ同じ場所で暮らしている「同居人」のような関係のようです。飼い始めてまだ日が経っていない場合はともかく、うさぎと仲よくなることを諦めてしまっている人は、もう一度がんばってみて！　一見こちらに興味を示さないうさぎでも、コミュニケーションをとることで、仲よくなれる接し方はかならず見つかります。

た行

血が出る……106
聴力……64
爪をかじる……75,143
トイレ以外でオシッコ……94,95
トイレで寝る……91

な行

なつかない……149
なめる……43,44,45,124,125
においを嗅ぐ……18,19,32,112,132
２本足で立つ（うたっち）……46

は行

歯ぎしりをする……23
箱座り……38,39
走り回る……76,77
８の字に回る……146
発情……33,51,69,120,121,135
鼻でつつく……130
鼻を速くヒクヒク動かす……18,46
鼻をゆっくり動かす……19
パンチする……37
ブーッ！……37,50
プウプウ……51,63
ブッブッ……51
ふとん、座ぶとんの上にのる……102
舟をこぐ……63
へっぴり腰になる……49
部屋のすみにいる……103
部屋の真ん中で寝る……99
ほかのうさぎのごはんを食べる……116
牧草をくわえてウロウロする……74
牧草を散らかす……89
掘る……67,68,136

ま行

前足をスイスイ動かす……68
前足を振る……43
水を飲まない……90
耳に足を突っ込む……81
耳を動かす……22,46
耳を立てる……20
耳を伏せる……21
耳を別々の方向に向ける……22
無視する……134
目がキラキラしている……14
目がパッチリしている……14
目を開けて寝る……62
目を閉じて寝る……17
目を細める……16,39
物をくわえて走る……66
物を投げる……65

や行

要求する……34,35
寄りかかる……104
寄り添う……113

ら行

リラックスしている……16,19,21,39,80

INDEX

※鳴き声は太字で示しています

あ行

仰向けになる……39,142
あくびをする……41
あごをこすりつける……48
足ダン（スタンピング）……34,64,140
足を蹴り上げる……36
足を投げ出す……40
頭を下げる……122
頭を振る……42,76
頭を床につけて寝る……39
暴れる……141
いびきをかく……63
動き回る……60,61,77
うずくまる……23
うとうとする……16
ウンチを食べる……96
オシッコを飛ばす（スプレー）……32,69,92,93
お尻がくさい……97
お尻のにおいを嗅ぐ……112
おとなしくなる……142
おなかを見せて寝る……39

か行

飼い主に寄り添って寝る……145
飼い主にのる……128
飼い主に前足をかける……129
飼い主の足の下をくぐる……147
飼い主のあとを追う……133
飼い主の髪をなめる、かじる……144
飼い主の手の下に頭を入れる……123
飼い主の指をかじる……143
飼い主をなぐさめる……137
飼い主を鼻でどかす……131
かじる……70,136
固まる……47,151
かみつく……21,125,126,127
体が小刻みに動く……40
体をなめる……43,44,45
体を低くする……47
観察力……30
キーッ……51
偽妊娠……74,75,148
キャリーに入らない……101
きょろきょろ見回す……79
警戒する……34,39
痙攣する……78
ケージから出ない……101
ケージに戻らない……100
ケージをかじる……61,71
毛が抜ける……105
毛づくろいする……36,114,115
毛をむしる……75
けんかする……119,121
元気がない……117
攻撃する……37,120,135
行動がシンクロする……118
腰を上げる……148
腰をカクカク振る（マウンティング）……69,72,73
ごはんを食べない……86,87
転がる……80

さ行

ジッとしている……16,47,103
ジッと見る……14,64,138
しっぽを上げる……33
しっぽを振る……32
じゃれる……69
上下関係……115
食器を引っくり返す……88
視力……17
白目をむく……15
座って寝ている……39
背中を向ける……139
せまい場所にいる……91,98
そわそわする……61

監修

中山 ますみ（なかやま ますみ）

1級愛玩動物飼養管理士、うさぎ飼育トレーナー、ケアアドバイザー。オーストラリア留学中に生物学などを専攻し、帰国後、日本動物植物専門学校 野生生物保護科で野生動植物の生活や行動、動物を観察するために必要な人間の視覚や聴覚などを学ぶ。現在は、東京都杉並区の「らびっとわぁるど」のオーナーを務めながら、うさぎ専門誌での執筆やうさぎの飼育に関するセミナーを主催している。

スタッフ

カバーデザイン	松田直子
本文デザイン	田中夏子（Zapp!）
イラスト・マンガ	大賀一五
執筆協力	齊藤万里子
編集協力	株式会社スリーシーズン （朽木 彩）

うさ語レッスン帖

2018年6月9日　第7刷発行

監修者	中山ますみ
発行者	佐藤龍夫
発行所	株式会社大泉書店 〒162-0805　東京都新宿区矢来町27 電話　03-3260-4001（代表） FAX　03-3260-4074 振替　00140-7-1742 URL　http://www.oizumishoten.co.jp/
印刷所	ラン印刷社
製本所	明光社

IBSN978-4-278-03914-6　C0076